U0190201

微信公众平台书媒发布第 1 辑

何雪梅 主编

珠宝品鉴
微日志

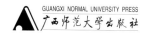

GUANGXI NORMAL UNIVERSITY PRESS
广西师范大学出版社

·桂林·

珠宝品鉴微日志

Zhubao Pinjian Weirizhi

图书在版编目（CIP）数据

珠宝品鉴微日志 / 何雪梅主编. —桂林：广西师范
大学出版社，2016.7

（中国地质大学（北京）珠宝学院何雪梅工作室珠
宝首饰系列丛书）

ISBN 978-7-5495-8525-0

Ⅰ . ①珠… Ⅱ . ①何… Ⅲ . ①宝石－鉴赏②玉石－
鉴赏 Ⅳ . ①TS933.21

中国版本图书馆 CIP 数据核字（2016）第 162947 号

广西师范大学出版社出版发行

（广西桂林市中华路 22 号　邮政编码：541001）

网址：http://www.bbtpress.com

出版人：张艺兵

全国新华书店经销

桂林广大印务有限责任公司印刷

（桂林市临桂县秧塘工业园西城大道北侧广西师范大学出版社集团
有限公司创意产业园　邮政编码：541100）

开本：787 mm × 1 092 mm　1/16

印张：18.75　　　字数：220 千字

2016 年 7 月第 1 版　　2016 年 7 月第 1 次印刷

印数：0 001~3 500 册　　定价：98.00 元

如发现印装质量问题，影响阅读，请与印刷厂联系调换。

编委会

何雪梅工作室微信公众平台的主编、小编们

珠宝瑰丽　人生美好

》》》 序
PREFACE

　　信息，如同夜空中闪烁的繁星，令人沉迷与陶醉。但是，有多少人能够懂得，那些深藏于星星里的秘密。在这纷扰匆忙的世界里，人们或许无暇揣摩一张图片后的深情，也许无缘体味一段文字里蕴含的激情。两只眼睛，每天盯着那些大小不一的荧屏，人们努力地寻找着自己的兴奋点。但是，作者和天上的星星一样，多么希望你在文字间、图片上或光影中得到的不仅仅是短暂的兴奋，而是时常可以回味的记忆。

　　珠宝，是大自然的瑰宝，让人奢望与追求。但是，又有多少人能够知晓，那些深藏在珠宝里的奥秘。对于五彩缤纷的珠宝，人们或许更多地关心它们的市场价格，以及它们的设计款式。然而，在每一粒宝石中，每一块玉石里，都有一个精彩的世界，都有一段传奇的故事。只是，在珠宝美的发现和创造中，在珠宝美的传播与体验中，我们欠缺的或许是一种表达的能力、表达的方式。

　　何雪梅老师在长期的珠宝教育和科研中，让珠宝专业的知识成了更多人的兴趣，让一批批优秀的学生对珠宝拥有了更浓的情怀。一张张精美的图片，一段段唯美的文字，尽情地绽放着珠宝的魅力，并且在朋友圈子的社交中传播，在珠宝企业的宣传中引用。今天，《珠宝品鉴微日志》的出版，让人们有幸在慢下来的节奏中，有缘在静下来的身心上，可以更多地感受、更深地感悟这些珠宝文化中的深情与妙趣。我们也期待，这本书能够像美玉一样浸润心田，像宝石一样亮丽人生。

中国珠宝玉石首饰行业协会　　史洪岳

>>> 前 言

FOREWORD

在当今信息大爆炸的时代，微信作为一种新兴的社交传媒方式迅速席卷全球。无论身在海角天涯，还是近在咫尺，通过微信，人们可以图片、文字、视频等形式即时传递现场信息，表达美好的祝愿与心情，更重要的是可以进行快捷咨询与传播知识。短短数年间，微信已成为众多消费者阅读的主要工具之一。

为了与时俱进，2014年6月，我们师生创建了"hxm-gem"微信公众平台，旨在弘扬珠宝玉石文化，宣传正确的珠宝玉石鉴定知识，解读珠宝消费误区，介绍珠宝前沿技术与市场咨讯，传递珠宝正能量。每一篇文章都是我们工作室成员的原创作品，我们力求做到语言流畅优美、涵盖知识面广、珠宝知识专业且准确率高、科普性强、趣味度高。我们的微信平台内容共分为"珠宝大课堂""珠宝设计""名家名作""寻宝之旅""学海拾趣"和"最新消息"六大板块，其中"珠宝大课堂"板块文章是在查阅国内外公开发表的相关资料基础上，结合现今市场消费状况，并比对国内外公认的珠宝标准之后撰写而成；"珠宝设计"板块是对国际知名珠宝品牌设计作品以及工作室成员自己的首饰设计作品的介绍；"名家名作"板块是对国内外著名设计师、玉雕大师及知名专家学者及其作品的介绍；"寻宝之旅"板块描述的是工作室成员亲临珠宝玉石矿山和珠宝玉石市场的所见、所闻、所感；

"学海拾趣"板块是珠宝学员在求学过程中的感悟；"最新消息"板块是我们工作室成员参加国内外珠宝学术研讨会、时尚设计活动及新闻媒体宣传活动的即时记录。

我们微信平台的文章一经推出，迅速受到众多读者的关注与肯定，并不断被转发在许多网站和其他微信平台上。考虑到还有相当一部分读者喜爱纸质读物进行阅读，我们工作室决定将我们微信平台的"珠宝大课堂""珠宝设计""寻宝之旅""学海拾趣"四大板块文章进行整理并正式出版，以满足更多珠宝爱好者的需求，需要说明的是，其中"珠宝大课堂"和"珠宝设计"两个版块在本书中分别定名为"珠宝品鉴"和"艺术设计"。

本书是一本床头案几小读物，让您在休闲时节、茶余饭后及入睡前，轻松心情不经意间便学习了解了珠宝玉石的文化、鉴赏、评价、选购、收藏、佩戴与保养知识，全方位领略珠宝玉石的神奇魅力，可谓"小窗观珠宝，世界大不同"。

在本书的编写过程中，得到了华彩玉品（北京）文化传播有限公司焦国梁先生及广西师范大学出版社的大力支持与帮助，还有在微信平台创建之初给予我们工作室大力帮助的张侨恩女士，在此一并表示衷心的感谢！

珠宝瑰丽，人生美好！愿每一位珠宝爱好者都能拥有宝石般美丽人生！

何雪梅

2016 年 3 月

目 录 ▶▶▶
DIRECTORY

珠宝品鉴

艺术设计

学海拾趣

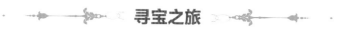

寻宝之旅

APPRECIATION OF JEWELRY

珠宝品鉴

已然夜未央，青灯纱卷映的繁星点点，我爱那其中最亮的那颗，它似石榴石般的光芒。

夜空中最亮的星
——1月生辰石：石榴石

文 / 图：吴璘洁

在穆斯林宗教里，人们一提到石榴石便能想起"火"，相信石榴石可以照亮黑夜、照亮天堂。夜空中最亮的星，当属象征着幸运、友爱、坚贞和纯朴的一月生辰石——石榴石。

石榴石在世界各地分布较广，主要产地有巴西、斯里兰卡、加拿大、美国、南非、缅甸、坦桑尼亚、肯尼亚、印度和中国等。在我国，江苏东海、四川、新疆和西藏等地均有宝石级石榴石产出。

那么，石榴石究竟是什么？常有人问，它属于水晶的一种吗？也有人爱将石榴石和碧玺相混淆，还有人会好奇为什么石榴石会有那么多种颜色……下面就简单地给大家介绍一下石榴石吧。

镁铝榴石（左）与锰铝榴石（右）

【矿物组成】

石榴石是一种化学成分复杂的硅酸盐矿物，和水晶（矿物名称为石英，成分为二氧化硅）是两种截然不同的矿物。石榴石英文名称为 Garnet，意思是"像种子一样"，形象地刻画了石榴石从形状到颜色都像石榴中"籽"的外观特征，是一个子类众多的大家族。

【分类】

石榴石化学组分较为复杂，根据所含元素不同划分为铝质和钙质两大系列，共 6 个品种：铝系列（镁铝榴石、铁铝榴石、锰铝榴石），钙系列（钙铝榴石、钙铁榴石、钙铬榴石）。通常呈红色调的石榴石为铝系列，而呈绿色调的为钙系列。

银杏项链（银杏中央点缀石榴石）

现在可以为大家解释为什么石榴石颜色那么丰富了。正是因为所含元素有差别，石榴石的颜色才会不尽相同。

● **铝系列**

大家在市场上最常见到的石榴石常为褐红、暗红色，它们都是铁铝榴石。而相对优质的带有紫色调的为镁铝榴石。呈橘红或橘黄色的为锰铝榴石。

● **钙系列**

呈黄绿色调的为钙铝榴石，大家也一定听说过"沙弗莱石"，其实，"沙弗莱石"就是透明的翠绿色钙铝榴石。

沙弗莱石

最后不得不说石榴石中的"贵族"——翠榴石，它属于钙铁榴石，钙铁榴石颜色以黄、绿、褐、黑为主，而含铬元素的绿色者才称为翠榴石。颜色纯正的翠榴石往往可以跻身高档宝石之列。

有些石榴石会因成分或结构的因素而具特殊光学效应，形成星光石榴石和变色石榴石。变色石榴石在日光下呈蓝绿色或黄绿色，白炽灯下呈紫红色或橙红色，属名贵品种，主要产于东非。

四射星光石榴石

【关于选购】

了解了石榴石之后，我们再从选购的角度给大家一些建议：

变色石榴石

● **特别关注石榴石的颜色**

选购石榴石时，要注意选择颜色鲜艳自然、明度高、光泽强的石榴石。对于成串的石榴石饰品还要注意整串宝石的颜色是否协调一致。

要特别注意，颜色如果异常鲜艳、价格又特别诱人的"石榴石"，这些"石榴石"

Cartier 蛇形装饰腕表（蝴蝶镶嵌石榴石）

很可能有问题。

● **关注石榴石的净度**

选购石榴石饰品时，可以用强光照射并观察石榴石晶体内部，尽量选择内部纯净，杂质、裂纹少的宝石。内部缺陷除了影响其透明度，还对宝石的稳定性有所影响，购买时应多加考虑。

如果是星光石榴石，还要注意挑选星光明亮、星线清晰完好的宝石。

● **关注石榴石粒度与切工**

大多数石榴石粒度越大，其透明度相对较低，因此，消费者在购买时可根据自身喜好和财力预算选择大粒度或透明度好的宝石。

对于作为戒面或吊坠的大颗粒石榴石，还要注意其切工质量，消费者应仔细观察宝石的边缘棱线是否有缺损和断口，以及表面是否存在抛光不良现象。

提笔想写写湛蓝的夜空，他是历史的见证者吧，满篝苍穹之下，蕴藏了多少花落与风雨。

古迹文明的蓝色使者
——青金石

文 / 图：张春双

　　它是图坦卡蒙黄金面具上记载的古埃及绚烂文明的宝石，闪烁着轮回的神秘之光；它是中国皇帝祭天的朝珠，散发出威严的气息；它被打造成为藏传佛教的正身，蕴藏最神圣宁静的精神力量——它就是青金石。用一抹深邃的色彩，征服了全世界。

　　青金石在古巴比伦和古埃及文明中被描述得非常贵重，它频繁地出现在诗歌中。比如，月神之魔就以这样一首神歌来描述："公牛般的强壮，大大的头角，完美的形状，舒长的额毛，像青金石一样显赫。"考古学家在这两个古国遗址中发现了很多镶有青

青金石吊坠　　　　　名画《戴珍珠耳环的少女》　　　　Van Cleef & Arpels 腕表

金石的精美器物。据考证，两国在报告从战败国掠夺回来的金银财宝时，青金石经常被列在黄金和其他贵重物品的前面。

从古希腊和古罗马时代到文艺复兴时期，青金石总是被研磨成粉末，制成群青色颜料，群青曾用在很多世界著名的油画上，如《戴珍珠耳环的少女》。

古代中国人则把青金石称作"暗蓝星彩石"。他们把它研制成化妆品来描眉，把它的片制成镶有珍珠的屏风。因其色青，有可达升天之路的寓意，故又多用来作皇帝的礼器、葬器。

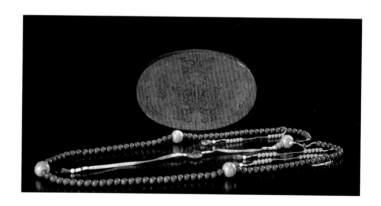

青金石朝珠

现如今，神秘的青金石被赋予了更多的寓意，很多大品牌珠宝商也纷纷倾垂于它，将它绝世的蓝，雕刻成件件臻品，宝格丽、梵克雅宝、蒂芙尼……耳熟能详的品牌中都能见到青金石的倩影。历史赋予了它高贵，现代工艺赋予了它浪漫，让我们一起去感受那抹蓝色的神奇魅力。

Cartier "自由鸟" 胸针

盛夏时节的街道喧嚣着灾热，转念间的光景，大雪扫尽的红楼梦境，还在么。

《红楼梦》系列之一
—— 脱胎玉质独一品

文 / 图：赵 嘉

　　在小说《红楼梦》的创作中，玉文化巧妙地贯穿始终。《红楼梦》作品中的人物总数约 400 多人，以"玉"字命名的人物众多。贾府宗族中青年男性的名字按辈分以"玉"字偏旁的字命名。除人物名称之外，《红楼梦》中出现的与玉相关联的词汇、词组、俗语、诗句、言谈及成语典故等，频繁到不计其数。对于一些美好的人物的塑造，作者融入了"以玉为美"的玉文化传统观念，以玉来比拟人物的面貌、体态、心灵、品德，以玉来传递人物美好的情感，更是以玉来承载人生的境界。

2010版《红楼梦》中的通灵宝玉

【宝玉之"玉德"】

王蒙先生曾经分析："脖子上的物质的玉与人物贾宝玉互为对应乃至互相重合。"落草时带出来的通灵美玉是贾宝玉的"第二人格",是贾宝玉性格、情操、情感的象征,也就象征着宝玉"有玉之德"。

贾宝玉不论从外在形象还是内在品质来说,都是一个美好的君子形象。他的仪表容貌可用"玉树临风"来形容。内在品行方面,贾宝玉有着玉的优雅风度和品德之美,除了对待家族中的贵族少女,他对于身份低下的环婢,也极其尊重爱护,且是没有"半分目的"的广博的泛爱,充分体现了"仁"爱之心和追求平等自由的精神。

他思维敏捷,杂学旁收,诗词歌赋无所不通,体现了其"聪明灵慧"之"智"。虽然贾宝玉蔑视封建等级制度,要求平等,但他仍然遵守"礼"的传统教育。贾宝玉还有着"宁为玉碎,不为瓦全"的"勇",这体现在他虽生在簪缨世家,却不屑于与贾雨村之流为伍,在污浊的荣宁二府,仍保有一份高洁,并且对君子的"义"有自己一番看法。

【黛玉之"玉魂"】

林黛玉的灵魂是用美玉砌成的。脂砚斋曾明确点明黛玉形象的"玉魂"特征。甲戌本第八回中:"用此一解,真可拍案叫绝,足见其以兰为心,以玉为骨,以莲为舌,以冰为神,真真绝倒天下之裙钗矣。"

林黛玉的灵魂是用美玉砌成的,她的气质和情态集仙女的神韵、西施的病容,以及淑女的气派于一身。但这种纤纤弱质下却有着大丈夫难有的凛然风骨,玉可碎,不可亵,一路行来,虽然历尽世事,仍是玉壶冰心,不染风尘。玉的温润莹洁、含蓄细致,即使蕴含在极深处的世事沧桑,也改变不了她的美丽。"质本洁来还洁去"恰是黛玉的本真写照。

和田玉籽料原石

【妙玉之"玉性"】

妙玉是《红楼梦》中一位很特殊的来历不明的人物。她极端美丽、博学、聪颖，但性格却极端孤傲、清高、不合群，不为世俗所容。红楼梦前八十回中，妙玉的正面出场只有两次，却在金陵十二钗正册中排第六名，可见曹雪芹对这个人物的钟爱。妙玉的出场没有俗名俗姓，只有法名妙玉，此名意喻：玉之性情——"妙"不可言。妙玉有着超逸的才智。《红楼梦曲·世难容》不仅赞其是一块美玉，且是"无瑕白玉"。

1987 版《红楼梦》"栊翠庵茶品梅花雪"剧情中，妙玉使用的绿玉斗

妙玉心性高傲，性格迥异，洁性成癖。她的内心世界有追求自由的情怀，自认为是畸零之人，超然于物外。妙玉对权力没有兴趣，对俗世也都看破，她不合时宜，自愿生活在边缘，享受孤独。受庄子思想影响，她认为自己能与天、与宇宙、与自然达到和谐，对于她的尊严和价值，不可轻亵，凛然莫犯。

玉石是耐得住寂寞的，不论境遇怎么改变，始终保持坚强的内心，等待命运的考验。妙玉不正是最好的写照吗？尘世间的清规戒条并不能压抑一个人，人应该保持自己的本来性情，遵从自己的内心，以真面目示人这是妙玉一生的追求。人应该保持一种本真状态的人生追求，这便是玉性对人生的启示。

曹雪芹用手中的笔和心中的玉将玉文化高度浓缩在《红楼梦》的创作中，玉文化是红楼梦的灵魂，《红楼梦》的别名《石头记》更是证实了这一点。《红楼梦》以宏伟的结构、优美的语言、传神的描写将玉文化与人物、事件、情怀、理想相融合结合，弘扬了中华民族独有的这种文化现象，蔚为壮观。

和田玉透雕牡丹摆件

天气热得似火，却像红宝石般，有无尽的魅力。

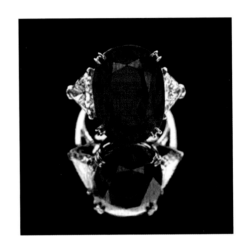

你所不知道的红宝石六大血统

文 / 图：李 佳

　　自古以来，不论在西方皇室还是东方宫廷，红宝石都有着非常崇高的地位。古代西方流传着一种说法，上帝在创造万物时，留下了12种宝石，其中最珍贵的就是红宝石。然而对于红宝石而言血统是非常重要的，缅甸的鸽血红红宝石与莫桑比克的鸽血红宝石相比，一克拉就贵了好几倍，为什么会有如此大的差别呢？本期小编就带领大家一探红宝石的产地，揭开红宝石不同血统之间差价如此巨大的原因。

【血统之一——缅甸】

　　缅甸红宝石在国际珠宝市场上有着重要的地位，一向以生产"鸽血红"红宝石而闻名于世。缅甸红宝石有两个产地，而这一脉两个产地所产出的红宝石也有着千差万别。

●产地一：抹谷

抹谷所产出的红宝石有着鲜艳的红色调，从玫瑰红色至红色。"鸽血红（Pigeon Blood）"色是一种高饱和度纯正的红色，是最高品质的颜色。同样达到"鸽血红"的红宝石，产于缅甸者的价位要高于其他产地。几个世纪以来红宝石在这个山谷不断被寻获，但目前产量业已殆尽。虽然如此，该地出产的红宝石，仍属全世界品质最好的。

抹谷红宝石戒指

在放大观察下抹谷红宝石颜色往往分布不均匀，常呈浓淡不一的絮状、团块状，在整体范围内表现出一种具流动特点的漩涡状，也称"糖蜜状"构造。并且缅甸红宝石鸽血红颜色略带粉色调，视觉上感觉更加明亮。

●产地二：孟素

同样地属缅甸，孟素所产出的红宝石则多呈褐红色、深紫红色。虽然没有抹谷地区的红宝石颜色好品质高，可是孟素地区的红宝石有一种奇特的特点，那就是会产出拥有六条不会移动的星线的"达碧兹"红宝石。

孟素达碧兹红宝石

【血统之二——泰国】

由于杂质元素铁（Fe）含量较高，泰国红宝石的颜色较深，透明度较低，多呈浅棕红色至暗红色。泰国也曾是世界红宝石的产地，泰国红宝石曾一度以饱和的色度与缅甸红宝石不相上下，但资源和产量也渐趋衰微。目前，泰国虽然仍是世界红宝石的头号供应地，但所产红宝石主要是来自缅甸和柬埔寨。这些外来红宝石原料，在泰国经过处理加工以后再进入销售市场。

Harry Winston 玫瑰情史红宝石胸针

【血统之三——斯里兰卡】

斯里兰卡东南部出产大量的红宝石，是世界著名的红宝石产区，素有"宝石城"的美名，尤以产有优质的星光红宝石而著称。红宝石以颜色的多姿多彩而区别于其他产地，它几乎包括浅红—红的一系列中间过渡颜色。其低档品多为粉红色、浅棕红色，高档品为"樱桃"红色，也有人称为"水红"色，透明度较高的红宝石，呈娇艳的红色，略带一点粉、黄色色调。斯里兰卡红宝石的另一个特点是色带发育，就是在宝石内部可以看见由深及浅的色调的变化。现藏于美国国立博物馆的重达 138.7 克拉的"罗瑟里夫"星光红宝石即来自这里。

【血统之四——莫桑比克】

相比除缅甸外的其他产地红宝石，莫桑比克红宝石的原石晶体产出较为完整。其颜色分布均匀、纯正，与缅甸红宝石的颜色接近，但是莫桑比克红宝石的颜色相比较缅甸红宝石而言，略微更深。

斯里兰卡六射星光红宝石

【血统之五——坦桑尼亚】

坦桑尼亚是亚洲之外少数出产红宝石的国家，主要出产地区为坦桑尼亚东部的莫罗哥罗（MOROGORO）地区。坦桑尼亚所产红宝石多数带有粉红色调，色彩不均匀，半透明，宝石内部有明显结晶纹路，甚至类似裂痕。这种宝石因其质量较低，售价也比较低。但是在坦桑尼亚所产的红宝石中，也有少数透明而色泽均匀的品种。虽然颜色仍与前述红宝石相近，但质量要高很多，价格也较高。值得一提的是，来自坦桑尼亚中部温札矿区的红宝石具有极高的透明度，成为近几年来国际珠宝展上的新宠。

坦桑尼亚红宝石

【血统之六——越南】

越南红宝石颜色介于缅甸红宝石与泰国红宝石之间，表现为紫红色、红紫色。颜色也会表现出流动的漩涡状构造，同时相伴一些粉红色、橘红色甚至是无色、蓝色的色带。

目前市场上的优质红宝石大多来自莫桑比克产区，缅甸产的顶级鸽血红红宝石对于如今的珠宝爱好者以及藏家来说完全是可遇不可求的。娇艳欲滴的色彩与高贵的出身令红宝石不仅在国外受到欢迎，在国内也有不少的拥趸。虽然价格逐年攀升，但是仍然有人为了它不惜花费重金，这也许就是它的魅力所在吧。

莫桑比克红宝石

越南红宝石

浅浅的微风有没有飘进你的梦乡，梦里有没有梦到那一抹优雅的珊瑚红。

"千年珊瑚万年红"的奥秘所在

文 / 图：潘 羽

俗话说"千年珊瑚万年红"，红珊瑚被认作是目前市面上等级最高的珊瑚。它与珍珠以及琥珀是世界公认的三大有机宝石。红珊瑚以其高昂的价格、稀缺的资源，居于三大有机宝石之首。随着珊瑚被越来越多的人熟知，红珊瑚成为近两年珠宝市场升值最迅速的品种之一。

在东方佛典中珊瑚被列为七宝之一。在中国，红珊瑚自古就是富贵吉祥之物，代表着高贵与权势，是幸福与长寿的象征。在清代，红珊瑚被皇家视为珍宝，服饰制度中规定很多饰物一定要以红珊瑚为之，例如皇帝在行朝日礼仪中须戴红珊瑚朝珠；文武二品大臣及辅国将军朝冠、吉服冠均用红珊瑚帽顶，可见红珊瑚在当时社会文化中的特殊地位。

目前红珊瑚原料根据产地主要分为三种：

【阿卡 AKA】

日文原意为红色，泛指红色的珊瑚。阿卡珊瑚植株不算大，一般常见原料一株为 0.3-0.8 公

阿卡红珊瑚

斤，一株 2 公斤以上就属大型。成品多为辣椒红色、深红色，少见粉红色及白色，有白芯，光泽亮，质地细腻，虫眼少；主要产于日本南部以及台湾附近岛屿。这里值得注意的是不属于阿卡珊瑚的产地，颜色再红的，都不能叫阿卡珊瑚。阿卡 AKA、沙丁 Sardinia、莫莫 MOMO 不仅仅是颜色的代表，更是产地与品质的代表。

【沙丁 Sardinia】

沙丁珊瑚是指主要产于意大利南部沙丁尼亚岛附近地中海海域的珊瑚。通常颜色比较单一，多为红色，没有明显的白芯，纹路较清晰，多用来做串珠和直管。白底带粉红点的沙丁珊瑚的植株比较细小，直径超过 10mm 的就算大型的。

沙丁红珊瑚

在市面上，用沙丁料珊瑚冒充阿卡料珊瑚的情况经常出现在一些大大小小的珠串上。一些不良商家会打擦边球，将颜色佳的沙丁料珊瑚叫作"阿卡级红珊瑚"。阿卡 AKA 是珊瑚的种类，根本不能用来分级。有些珊瑚卖家解释说：珊瑚是按照颜色来分，不同的颜色叫不同的名称，颜色达到一定的红度就叫作"阿卡珊瑚"或是"阿卡级珊瑚"，颜色浅的称为"沙丁红"，再浅一点的叫作"MOMO 红"。这种用颜色区分珊瑚种类的方法既不科学也不规范，实际上是卖家故意混淆沙丁珊瑚和阿卡珊瑚时的托词。

【莫莫 MOMO】

日文原意为桃子或桃子色，泛指为桃色的珊瑚。植株比较粗大，一般在 0.2-3 公斤居多，常有高 25-50 公分的植株。颜色丰富，从浅粉色至深桃红色之间的过渡色系都有，一部分偏黄，一部分偏橘色。纹路较清晰，有白芯，较阿卡珊瑚韧性好，多用于雕刻。主要产于日本南部以及台湾附近岛屿。

桃红色"天使面"珊瑚首饰

【红珊瑚的质量评价】

珊瑚的价值取决于颜色、块度、质地、工艺四个方面，其中颜色是最重要的因素。

●**颜色** 是影响红珊瑚质量最重要的因素，要求纯正鲜艳，以鲜红色（商业上俗称"牛血红"）为最优，其他红珊瑚颜色质量排列顺序依次为深红色、暗红色、玫瑰红色、桃红色（商业上俗称"孩儿面"或"天使面"）、橙红色。

●**质地** 致密坚韧，无瑕疵者为佳。

●**加工工艺** 造型越美，加工越精细，价值越高。

●**块度** 越大价值越高。

鲜红色"牛血红"珊瑚首饰

台湾著名设计师王月要女士作品——《飞鹊绽如红》

【小贴士】

　　珊瑚不宜过多接触化妆品、香水、酒精和醋等；尽量避免在炎热的夏天佩戴珊瑚，若接触到了汗液，应及时用温水或中性清洗剂清洗，并用软布擦拭干净。珊瑚的硬度较低，应避免磕碰使宝石表面出现划痕或凹坑。佩戴后，最好将珊瑚饰品擦拭干净，少许涂抹婴儿油或橄榄油后，单独存放于首饰盒中。

烦躁的外表也不及我内心的清清凉凉的那片海，有粼粼的波光，是希望。

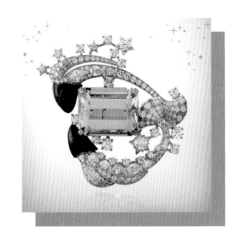

炎炎夏日中的一道清凉
——3月生辰石：海蓝宝石

文 / 图：李 擘

在古希腊的传说中，海蓝宝石可以与海洋的灵魂相通，人们在海蓝宝石上雕刻海神的肖像，加以膜拜供奉。海蓝宝石长期以来被人们奉为"勇敢者之石"并被看成幸福和永葆青春的标志，世界上许多国家把海蓝宝石定为"三月诞生石"，象征沉着、勇敢和聪明。

海蓝宝石的英文名称为 Aquamarine，其中 Aqua 是水的意思，Marine 是海洋的意思，这与她清新迷人的蓝色调相互辉映。蓝色非常纯净，表现出一种美丽、冷静、理智、安详与广阔，美丽的海蓝宝石，让人看了觉得神清气爽，忘掉忧伤！

【矿物组成】

海蓝宝石与五大名贵宝石之一的祖母绿一样，都来自绿柱石家族。有趣的是不同于祖母绿葱郁的绿色，微量元素 Fe^{2+} 使海蓝宝石呈海水一般的颜色。大多数海蓝宝石呈浅蓝微带绿色调，颜色如度假胜地的浅海，让人爱不释手。虽同属一个家族，但祖母绿的价格高于海蓝宝石。不过上天是公平的，海蓝宝石的净度普遍较好，产量也比祖母绿大，且常有大颗粒高品位的宝石出产。所以即使是消费能力一般的普通消费者，也有能力拥有一颗上等品质的海蓝宝石。

海蓝宝石吊坠

【产地】

世界上最著名的海蓝宝石产地在巴西的米纳斯吉拉斯州，此地所产的海蓝宝石颗粒完整且纯净，颜色常令人惊喜，其中最优质者呈现明洁的艳蓝色，尤其让人陶醉；其次是尼日利亚、赞比亚、马达加斯加、莫桑比克、阿富汗、巴基斯坦、中国等。我国的海蓝宝石产地主要为新疆阿尔泰、云南哀牢山、四川、内蒙古、湖南、海南等。

蓝色托帕石　　海蓝宝石

【鉴别】

目前市场上与海蓝宝石相似的宝石品种主要有蓝色托帕石、蓝色锆石等。

海蓝宝石的相对密度比托帕石小，手感较轻，而且海蓝宝石多为微带绿色调的蓝色，蓝色托帕石一般为辐照改色，其颜色比较均匀。

锆石的相对密度较大，色散强，表面光泽强，并且可以看到明显的重影。

【选购】

海蓝宝石的浅蓝色明澈、优雅但不轻佻，非常易于搭配服饰，价格也比较亲民，在市场上非常受欢迎，那么，究竟该如何选购海蓝宝石呢？

海蓝宝石戒指

● **颜色**

大多数海蓝宝石都是淡淡的蓝色，因此颜色较蓝、略带绿色的海蓝宝石就是个中极品。

● **净度**

海蓝宝石具有特征的针状内含物，选购时，内部无瑕或少有冰裂和棉絮的海蓝宝石价值较高。

● **重量和切工**

由于大多数海蓝宝石的颜色并不浓烈，如果粒度太小就不能很好地展示它的颜色，相同的成色，大颗粒的宝石蓝色调会显得更加浓艳。同样，优秀的切工会将宝石的颜色很好地表现出来，使宝石晶莹璀璨。

Van Cleef & Arpels Peau d'Ane 系列高级珠宝

真正有收藏价值的海蓝宝石一般体积都较大，只有够大颗的才能展现海蓝宝石的色泽，才有较高的升值潜力。

【搭配】

海蓝宝石的浅蓝色优雅但绝不轻佻，非常易于搭配服饰，目前在国际市场上非常受欢迎。今年梵克雅宝新推出的高级珠宝系列就有以海蓝宝石为主石搭配其他宝石的首饰。

介绍到这里，您一定对这清澈如水的海蓝宝石多了一份喜欢和欣赏吧。

海蓝宝石王冠

都说十月出生的人有着天生的吸引力，像雨后的彩虹，像清新透亮的碧玺，有着骄阳般的活力，却有着糖果的香气。

彩虹落入人间
——碧玺的奥秘

文 / 图：潘 羽

　　1989 年，碧玺在图桑珠宝展上首次亮相，从开始时的售价每克拉 100-200 美元，一周内价格飞涨到每克拉 2000 美元。如今顶级品的价格甚至已超过每克拉 6 万美元，碧玺之王帕拉伊巴像彩虹一般落入人间，将天光水色尽收其中。碧玺家族究竟有何神秘？被称为王者的帕拉伊巴碧玺又有着什么样的迷人魅力？让我们一起来揭开碧玺家族背后的秘密。

　　古希腊神话里碧玺是普罗米修斯留给人间的火种；古埃及的传说里，碧玺则被喻为沿着地心通往太阳的一道彩虹。在中国，碧玺又因为与"辟邪"谐音而被人们所喜爱。慈禧太后的殉葬品中就曾有一块重 36 两 8 钱的碧玺莲花摆件，时值 75 万两白银；清朝一品和二品官员的官帽上均须镶嵌碧玺，可见碧玺在当时社会文化中的特殊地位。

帕拉伊巴碧玺项饰

碧玺颜色鲜艳，可分为红色碧玺、绿色碧玺、蓝色碧玺、黑碧玺、紫碧玺、无色碧玺、双色碧玺、西瓜碧玺、碧玺猫眼、钠镁碧玺、变色碧玺、钙锂碧玺、含铬碧玺和帕拉依巴碧玺等 14 种，其中较为名贵的主要有以下三种：

红碧玺项饰

【红色碧玺】

从玫瑰红、桃红到紫红色，再到粉红色，都属于红色碧玺的范畴。世界上 50%-70% 的彩色碧玺来自巴西。马达加斯加伟晶岩中曾出产大颗粒各色碧玺，有的重达 45 公斤，其中又以红碧玺质量最好；优质深红色碧玺出产于肯尼亚；而美国的加利福尼亚则盛产粉红碧玺。值得注意的是许多商家常用 Rubellite 一词来形容所有具有红色色调的碧玺，而国际有色宝石协会（ICA）认为红色和粉红色碧玺有很多不同的色调，有柔和的粉红色，浓郁的粉红色，有鲜艳的紫红色，还有艳丽的红宝石色，但是只有那些拥有真正"红宝石"色的高品质碧玺才可以冠名为 Rubellite。

Rubellite 戒面

【绿色碧玺】

颜色从浅绿到深绿的碧玺，也包括黄绿色和棕绿色碧玺，主要是由于含铬和钒元素而呈绿色。坦桑尼亚产绿、褐色碧玺；斯里兰卡东南部冲积沙矿中出产黄、黄绿、褐色碧玺等；而在巴西则以祖母绿色的碧玺产出为主，颗粒大、净度好、火彩强、切工好，素有"巴西祖母绿"的美名。在挑颜色时，最好多挑选"浅绿色"的碧玺。有些经过热处理的绿碧玺，往往会略带"灰调"，尤其是产自南非的深棕色碧玺原石，在热处理后常常呈现出灰绿色。这些颜色在强烈的珠宝灯下极易让人走眼，需要引起重视。

在市面上，人们常将普通绿碧玺误作铬碧玺。我们在查尔斯滤色镜的笔灯下即可判断碧玺中是否含有能致色的微量元素，据此与不含铬、钒的普通碧玺区别开来。滤色镜下现象是普通绿色碧玺不会变红，而铬碧玺会呈现出粉红色或红色。

绿碧玺耳饰

【帕拉伊巴碧玺】

帕拉伊巴碧玺是蓝色（电光蓝、霓虹蓝、紫蓝色）、蓝绿色到绿蓝色或绿色的，呈现中等到高饱和色调的电气石，因含有铜和锰而致色。因为这种宝石最初开采于巴西的帕拉伊巴，遂因此地命名。如今，帕拉伊巴碧玺的产量仅为天然钻石全球年产量的千分之一，被找到的碧玺原石几乎没有完整的，那些原石的小小碎片往往只有几克，加工后的成品通常只有 0.1 到 0.5 克拉，色泽非常独特，闪烁通透，独具荧光效果，被尊为碧玺之王。

碧玺戒指

在市场上，已经出现了自莫桑比克和尼日利亚所产出的帕拉伊巴碧玺。依照科学鉴定观点，只要成分内含有一定铜元素，即为帕拉伊巴碧玺，并不限于巴西帕拉伊巴州出产的碧玺才可称为帕拉伊巴碧玺。

Harry Winston Incredibles 系列
帕拉伊巴碧玺钻戒

【碧玺的质量评价】

碧玺的评价与其他宝石相同，都是以颜色、光泽、透明度、内含物、缺陷及重量作为评价与选购的依据。

● **颜色** 以红色、蓝色、绿色较为名贵，要求颜色均匀艳丽，在项链和手链中则以颜色丰富为佳。

● **透明度** 晶莹剔透，越透明质量越好。

● **质地** 致密坚韧，无瑕疵者为佳。

● **工艺** 切工规则，比例对称，抛光好。

帕拉伊巴碧玺镶嵌首饰

帕拉伊巴碧玺戒指

FANCY CD 帕拉伊巴碧玺耳坠

【小贴士】

平时不佩戴碧玺首饰的时候，将碧玺首饰单独放置在首饰盒内，不要让碧玺首饰和其他的珠宝首饰相互摩擦、撞击，以免造成不必要的损失。碧玺的硬度是 7-7.5，相对较高，但是碧玺本身比较脆，怕摔易碎，因此尽量不要佩戴碧玺宝石做剧烈运动或者粗重活，以免造成碧玺宝石的破裂。

寻一处清净的林子，最好流着潺潺的溪水，淌着温润的石头，奏着高山的心弦。

夏日一抹砰然心动的绿
——浅谈葡萄石

文 / 图：李 佳

　　葡萄石弥漫清新的春之气息，质感温润通透，携带着玉石的亲和力，又有着宝石晶莹通透的紧密质地，为佩戴者增添个人魅力。葡萄石是自然的馈赠，凝聚着天地精气，纯净柔美却充满生命气息的葡萄石将为这个季节增添来自它的那份美丽。

　　温暖舒适、生机盎然的时节，戴一件自然清透的葡萄石首饰让夏日从里到外都渗透清凉。

【葡萄石的美好传说】

葡萄石有着"好望角祖母绿"之称，传说充满神秘感的古老流浪民族吉普赛人精通占卜和巫术，通常一场占卜之前，他们会佩戴起葡萄石，以提升对未知世界的感知力。而在西方其他国家，葡萄石有预测宝石之称，可以提升第六感，协助与外界的能量沟通，增强对未来的预知能力。这为葡萄石蒙上了一层魔幻的神秘色彩。

【什么是葡萄石？】

葡萄石是一种硅酸盐矿物，颜色从浅绿到灰色之间，还有白、黄、红等色调，但常见绿色；原石常呈葡萄状。因为颜色和原石形态均与青葡萄相似，因此被形象地称为葡萄石。

葡萄石原石

【怎么辨别葡萄石？】

葡萄石特有的绿色、黄绿色。

葡萄石特有的"纤维放射状结构"，也就是市场常称的"冰裂纹"、"石纹"。

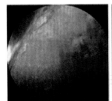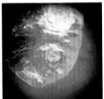

葡萄石的"纤维放射状结构"

优质葡萄石颜色和质地均匀类似于高冰翡翠的起荧现象。

【价值如何？】

葡萄石通透细腻的质地、优雅清淡的绿色、晶莹欲滴的透明度，都像极了顶级冰种翡翠的外观，而且价格经济实惠，因此近年来在国际上深受设计师的喜爱。

目前市场上葡萄石价格几十到几百元一克拉不等，具体还要看葡萄石的成色、透明度等评判标准。金黄色的葡萄石较为罕见，价格更高，例如澳大利亚产的金黄色葡萄石达到 400-500 元 / 克拉的价格。

葡萄石吊坠

【如何挑选葡萄石？】

葡萄石的评价依次考虑颜色、净度、切工、大小。

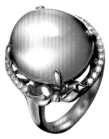

葡萄石手链　　　　　　葡萄石戒指

● 颜色

葡萄石的颜色主要以绿色为主，多见偏黄色调，少数偏蓝色调。要求颜色饱和度高，均匀度好。浅色调葡萄石的批发价大约为 50 元 / 克，颜色饱和度深的葡萄石接近 200 元 / 克。

● 净度

葡萄石的净度对价值的影响较大，做成戒面的需要质地干净，如果含杂质较多的，一般会选择做花件或手链。手链的价格在 3 元 / 克，花件的价格在 40-50 元 / 克。

● 切工

评价蛋面葡萄石的切工，要求圆润饱满，形正，以能充分透出葡萄石的"荧光"为最佳。

● 大小

在同等品质的基础上，越大越好，而且大小与价格呈非线性的上涨。

从近几年的发展来看，葡萄石还属于中低端价位。由于宝石级的葡萄石矿区极少，作为刚起步的中国彩宝市场，好的葡萄石有较大的升值空间，相信在接下来的几年，葡萄石认知度和销量必将继续走高。

偏蓝色调葡萄石吊坠

夏末微凉，一地的月光蘸着温柔的女人香气，缱绻的光晕如宝石般美满。

月光色，女子香
——月光石篇

文 / 图：潘羽

　　有一种宝石悄然兴起，不同于珍珠的优雅，她神秘而柔和，三百多年前，她安静地收藏在印度莫卧儿王朝的阿克巴大帝与他挚爱的珠妲公主的首饰中，那月亮光芒凝结的气息引来无数恋人的目光。月光石，究竟有什么样的神秘力量？如梦似幻的月光又是如何产生的？让我们一起来捞出石中之月，探寻月光石的魅力所在。

　　印度传说中，人们相信月光石是具有月之神力的圣石，月圆的时候，佩戴月光石可招来美好如月光般的浪漫爱情。在美国，印第安人视月光石为"圣石"，是六月生辰石，也是结婚十三周年的纪念宝石。

月光效应所赋予月光石的独特气质仿佛是在一杯清水中滴入两三滴牛奶，月光石表面最让人心动的蓝色晕彩，会随着光线或视角的变化释放着柔和而迷人的光芒。早在两千多年前的古罗马时代，罗马人就已经使用月光石作为首饰了，从 19 世纪开始，市场上出现了无数令人浮想联翩的月光石首饰。

月光石镶嵌首饰

月光石中同时含有正长石和钠长石两种成分。两种矿物交互生长形成的互相平行交错的结构使得光线进入宝石内部时发生散射和干涉，从而在宝石表面形成了一层蓝白色的光晕，这就是月光石的月光效应。

月光石原石

【月光石的种类】

月光石底色除了透明的白色，还有黄色、绿色或者暗褐色，依其月光晕彩的颜色主要可分为蓝月光石、黄月光石和白月光石，随月光石层理构造的长石矿物不同而有所差异。

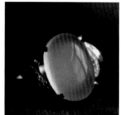

蓝色月光石戒指

● **蓝色月光石** 透明的底色略带蓝色晕彩，是月光石中价值最高的品种。

在市场上，出现了一种似游彩月光石的品种，这种宝石实为晕彩或虹彩拉长石，它与月光石都具备特殊的光学效应。亚洲宝石协会（GIG）报告认为晕彩拉长石最大的特征是在拉长石集合体中大面积明亮的变彩，产生这种光学效应的原因主要是内部近平行板状的细页片状双晶与出溶结构面对入射光产生干涉而成，与月光石光晕成因相似，但从不同方向看可以出现不同的颜色，在转动过程中同一部位的颜色和光彩都发生变化。

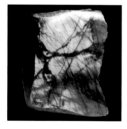

晕彩拉长石原石

黄色月光石镶嵌首饰

奶油体月光石戒指

● **黄色月光石** 颜色温润，偏土黄色，价值仅次于蓝月光石。

● **白月光石** 在晕彩方面稍逊于蓝月光和黄月光，通体呈乳白色。

在市场上，月光石有玻璃体和奶油体之分，这是因为月光石中正长石和钠长石的比例不同所致。在这两种成分中，正长石成分较高，则宝石体质更为透明；而钠长石的成分较高，则使宝石显得更为温润，呈半透明的牛奶质感。优质的玻璃体正长石月光石主要产地为瑞士亚达拉山脉，斯里兰卡麻粒岩岩脉，而奶油体月光石多产自美国弗吉尼亚州。

【**月光石的质量评价**】

月光石的评价与其他宝石基本相同,都是以晕彩颜色、透明度、内含物、缺陷与否及颗粒大小作为评价与选购的依据。

● **颜色晕彩** "月色"要明亮，且蓝色闪烁，光彩浑厚。晕彩以蓝为上品，黄色、白色次之，蓝光越闪耀而明显者越佳，晕彩的位置以处于宝石面的中心为佳。

● **透明度** 晶莹剔透，越透明质量越好。

● **质地** 纯洁干净，无瑕疵者为佳。

● **工艺** 切工规则，比例对称，光晕完全展现者佳。

【**小贴士**】

平时不佩戴月光石首饰的时候，将月光石首饰单独放置在首饰盒内，不要让月光石首饰和其他的珠宝首饰相互摩擦、撞击，以免造成不必要的损失。月光石硬度为 6-6.5，内部具有两组完全解理，受到外力极易碎裂。因此尽量不要佩戴月光石做剧烈运动或者粗重活，以免造成月光石的破裂。

现在的天气正是好时候，圆满的情感让人散发幸福的光晕，沉迷着，这醉人的湛蓝，这动人的爱情。

真爱无悔，海洋之心的醇醇之恋
——12月生辰石：坦桑石

文/图：潘羽

　　她的成长之路历经坎坷，浴火重生后绽放出的灿烂光辉，终究冲破重重阻碍，展现于人们眼前。出道初期，她客串蓝宝石和蓝色钻石的替身，而今，她是二十世纪的世纪之石，十二月的生辰石，象征着爱情的深邃。Tiffany 一眼相中，并为她量身制作奢华装扮。坦桑石有着怎样的神奇经历？魅惑众生的坦桑蓝又为何广受褒奖？让我们一起来揭开坦桑石背后的秘密。

　　马赛民族认为，大地被一道闪电击中引燃"上天之神火"，神火把大地中的晶体

电影《泰坦尼克号》剧照

炙烤成了闪亮的蓝色和紫色宝石，这就是色泽诱人的坦桑石。1967 年，美国纽约蒂凡尼（Tiffany）公司率先将坦桑石展示于全世界面前，赞美它是两千年来发现的最美丽的蓝色宝石，并以"坦桑石"作为其商业名称进行大力推广。电影《泰坦尼克号》的故事情节中，"海洋之心"项链便是采用坦桑石来进行客串演绎的，坦桑石呈现出了海洋般的深邃与美丽，被誉为名副其实的"海洋之心"。

坦桑石的色调从天蓝到湛蓝再到浓烈的蓝紫色皆有，神奇的是，从坦桑石三个不同的方向看，会分别呈现出蓝色、紫色和褐黄色三色。经过优质的切工和精细的打磨，坦桑石将呈现出一种浓烈的蓝紫色调，令人感觉华丽异常。

坦桑石的独特魅力使其能与多种名贵宝石相媲美，主要有以下两种：

● **蓝宝石** 顶级的坦桑蓝深邃浓郁，呈现天鹅绒般的丝绒感，恰恰是最优质蓝宝石才有的颜色。同为昂贵宝石，都泛着很接近的湛蓝色，那种饱和的如同深涧般的蓝色，类似的通透度，几乎采用一样的切割方式来呈现，坦桑石在初期戴着"蓝宝石假面"躺在天鹅绒上闪耀着自己的光芒。

从不同角度观察坦桑石时，会呈现不同色彩。通常，坦桑石在日光下会出现蓝色系列变化，在白炽光下则会出现桃色和紫罗兰色。仔细观察，蓝宝石明显的二色性（蓝－绿蓝或浅蓝－蓝）与坦桑石的强三色性（蓝－紫红－绿黄）可将其鉴别开来。

坦桑石镶嵌首饰

● **蓝色钻石** 《泰坦尼克号》中的"海洋之心"，既是当时上流社会富裕生活的写照，也是罗斯与杰克刻骨铭心的爱情回忆。这个情节是根据蓝钻史上著名的"希望之钻(Hope Diamond)"改写的。

坦桑石戒指　　　　　Tiffany 坦桑石吊坠　　　　坦桑石戒指

　　从颜色方面比较，钻石由于其均质体的特性并不具有多色性，而坦桑石具有明显的三色性，两者既可通过在不同方向观察颜色变化以区分，也可借助专业鉴定仪器——偏光镜进行分辨，偏光镜下，钻石呈现全暗现象，而坦桑石则在转动偏光片的过程中随之出现四明四暗的变化。

【坦桑石的质量评价】

　　坦桑石的评价与其他宝石相同，均以颜色、透明度、切工工艺及重量作为评价与选购的依据。

　　● **颜色**　作为一种以颜色见长的宝石，坦桑石颜色所占的价值比例最高（50% 以上）。坦桑石以靛蓝色最佳，其次为紫蓝色、灰蓝色等。优质坦桑石颜色应纯正、鲜艳、均一。一般来说，色彩浓郁的坦桑石价值高于浅色坦桑石。

坦桑石戒指

　　有经验的专家也许会这样教你辨识坦桑石的颜色：拿一杯清水，往杯里滴入半管英雄蓝色钢笔水观察钢笔水进入清水后由浓至淡色彩变化，这其中便包含了坦桑石比较典型的色调范围。你会对这变化留下很深的印象，下一次再见到坦桑石一定过目不忘了。笼统地说，坦桑石在彩色宝

蓝色钻石

石颜色分级中占据着紫—靛—蓝的位置。

● **透明度** 包裹体和瑕疵会影响宝石的外观和耐久性，优质坦桑石内部纯净、透明度高，目测无瑕疵或难见瑕疵，表面无缺陷，10倍放大镜下无或极少包裹体和杂质。

● **切工** 透明坦桑石一般加工成刻面宝石，如祖母绿型、椭圆型、圆钻型等。由于坦桑石有多色性的缘故，切割的方向会影响宝石的正面颜色，切割前需对经济效益进行考量。优质的坦桑石应具有恰当的切磨比例和良好的抛光。宝石切割师必须在颗粒小、颜色最佳和颗粒大、颜色为紫蓝色之间做出抉择。

● **重量** 在其他评价因素相同的情况下，坦桑石的重量直接影响价格。重量越大，价值越高。

坦桑石吊坠

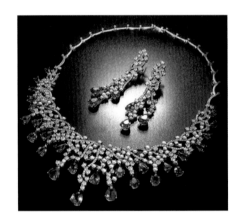

坦桑石镶嵌首饰

【小贴士】

　　平时不佩戴坦桑石首饰的时候，将坦桑石首饰单独放置在首饰盒内，不要让坦桑石首饰与其他的珠宝首饰相互摩擦、撞击，以免造成不必要的损失。坦桑石本身比较脆，怕摔易碎，因此尽量不要佩戴坦桑石宝石做剧烈运动或者粗重活，以免造成坦桑石宝石的破裂。

北京的秋天衬着浑身的金黄，褪去夏季的燥热，安安静静地读书，做个精神的贵族。

低调奢华的贵族
—— 金绿宝石

文 / 图：苟智楠

她虽地位尊崇，但人们对之却知之甚少。游走在彩色宝石的世界中，总是自带一层神秘的面纱，引来无数人的一探究竟。她具备所有高档宝石的优点，却是那样低调的奢华。金绿宝石，究竟是什么使她有着不同于他人的魅力黄绿色？她神秘的背后究竟蕴含怎样的寓意？让我们来探寻金绿宝石的魅力所在。

金绿宝石发现于 1789 年，也称金绿玉，是较稀少的矿物，大颗粒的且颜色净度都比较好的十分珍贵。它的英文名称为 Chrysoberyl，源于希腊语的 Chrysos（金）和

Beryuos（绿宝石），意思是"金色绿宝石"。金绿宝石的透明晶体，因硬度大也是名贵宝石。工艺上要求颜色像浅茶水一样明亮的褐黄色和绿黄色，透明，少瑕，晶体直径大于 3 毫米。经过琢磨，常是收藏家的珍品。

金绿宝石的主要成分是 $BeAl_2O_4$，晶体形态常呈短柱状、板状，透明至不透明，玻璃至亚金刚光泽，颜色视其中含铁的多少，呈深浅不同的淡黄、葵花黄、绿黄、黄绿、棕黄、绿、黄褐等色。三色性明显，硬度 8.5，折射率 1.746~1.755，密度 3.73g/cm³。金绿宝石有三个著名变种：变石（亚历山大石）、猫眼和变石猫眼。猫眼和变石并列为世界五大名贵宝石之一。

金绿宝石戒指

金绿宝石中，大众熟知的就是金绿猫眼，它以其美丽的光泽和锐利的眼线而成为自然界中最美丽的宝石之一。在斯里兰卡和古印度的占星术中，"开杜（Ketu）"和"拉户（Ruhu）"是两个行星周期，传说对人极为不利，在这两个时期内，据说只有佩戴猫眼石才能消除灾难，万事如意。

只有金绿宝石猫眼，才能直接被称作"猫眼"或"猫眼石"，其他宝石即使有猫眼效应，只能被称作"××宝石猫眼"，如碧玺猫眼，石英猫眼等等。猫眼石的光带纤细、明亮、

金绿宝石晶体

金绿宝石猫眼戒指

变石（阳光下呈现绿色，
白炽灯、烛光下呈现红色）

移动灵活，即使在室内光照条件下也十分清晰。宝石内部含有密集排列的纤维状包裹体。带褐色调的颜色和清晰的猫眼效应，是肉眼鉴定的重要特征。

变石，也称亚历山大石，指具有变色效应的金绿宝石，据说俄国沙皇亚历山大二世生日那天发现了变石，故将其命名为亚历山大石。与"猫眼石"的命名相似，"变石"一词专属具变色效应的金绿宝石，若其他宝石品种具变色效应，只能命名为"变色××宝石"，如变色石榴石、变色蓝宝石、变色尖晶石等。变石在阳光下呈现绿色，在白炽光、烛光下呈现红色，被誉为"白昼里的祖母绿，黑夜里的红宝石"。最受欢迎的是日光下呈现祖母绿般的绿色，而白炽灯下呈现红宝石般的红色，但实际上变石很少能达到上述两种颜色，通常情况下的绿是淡黄绿色或淡蓝绿色，而红则为不鲜艳的褐红色。

变石猫眼则既有强烈的变色效应，又有明显的猫眼效应，是一种更珍贵的宝石品种。

变石猫眼戒指（左：日光下；右：灯光下）

思念着那里的高山，小路，鲜花，因为你们附着他的气息，因为你们而靠近他，靠近爱情。

因为你而靠近海
——关于海纹石

文 / 图：陈泽津

    人们可以用一百种画笔去调出大海的颜色，用一千种乐器去描摹大海的声音，用一万种言语去讲述大海的博大，而聪慧的大地母亲，只用了一种宝石——海纹石，就简单而完美地诠释了大海的朵朵浪花和粼粼波纹。那么，海纹石美从何来？价值几何？是否值得收藏？就为您揭开海纹石的神秘面纱。

【相关传说】

    相传海纹石在亚特兰提斯时代又被称为"月光之石"，它蕴含大地之母的能量，

海纹石原石

可以启动女性的内在魅力。对于加勒比海岛屿的土著印地安人来说，海纹石也不陌生。他们很早就相信，佩戴海纹石不但能给人们带来健康和好运，还可以使家人远离灾难和疾病等伤害。

【何为海纹石】

海纹石，又称拉利玛石，矿物学名为针钠钙石，国外称为 Larimar，意为"无与伦比的蓝色"。目前主要产于多米尼加共和国，是该国的国石。由于当地气候导致自然灾害频发，加之基础设施不完善，使得开采难度大大增加，海纹石也因此愈发稀有。这种宝石在国外深受欢迎，近些年在国内珠宝市场，亦悄然兴起。

【如何选购】

如名字一般，海纹石有着大海般的蓝色，以及蓝绿色夹白色的形态，如浪花朵朵盛开在大海上。研究认为，蓝色部分和白色的纹路部分矿物成分相同，均为针钠钙石。作为一种稀有宝石，海纹石至今还没有公认的分级系统。我们通常可以从颜色、纹路、光泽、净度、切工等方面进行评估。

海纹石镶嵌首饰

● 颜色

颜色越蓝越好，越像海里的波纹，价值就越高。品相最好的是深钴色，即人们常说的火山蓝色；其次是绿松蓝，顾名思义像绿松石那样的蓝色；再次是天蓝色，还有浅蓝色；最差的是白色。

● 纹路

纹路要清晰，纹路的形状完好，如"龟背纹"。

海纹石镶嵌戒指

海纹石首饰

● **光泽**

光泽要鲜明、柔和，光泽阴暗会使海纹石的价值大打折扣。

● **净度**

与钻石和众多彩色宝石略有不同，海纹石的净度是指其表面瑕疵、杂质的多少程度。海纹石的蓝色基底和白色网脉上常带有红棕色杂质，这些杂质一般呈点状分布。裂纹、斑点、杂质等这些瑕疵都会对海纹石的净度产生影响，进而影响其价值。

● **切工**

目前市面上主要是弧面的、珠型的海纹石。近来也有雕刻成各种题材的摆件。海纹石通过雕刻被赋予了一种文化上的内涵，并可以完善宝石的不足，提升海纹石的价值。

目前在中国市场海纹石并不像其他宝石那样久负盛名，有庞大的粉丝群体，但是由于其矿产资源相对稀缺，所以具有一定的收藏价值。

海纹石手串

【小贴士】

1. 海纹石摩氏硬度为4-5，佩戴与放置时应尽量避免磕碰。

2. 运动前或者炎热夏季应卸下海纹石饰品，避免被酸性汗液侵蚀。

北京的深秋愈发的枯萎了，聊聊这近一年的趣闻，就像玛瑙的万千纹理，都有它存在的理由。

苔纹玛瑙中的神奇世界

文 / 图：张雪梅

南红玛瑙的强势兴起，让人们记住了玛瑙中的那抹红，而您可注意到苔纹玛瑙已悄然兴起？陈列在故宫博物院的苔纹玛瑙制品，质地细腻，色泽光艳缤纷，晶莹剔透，美轮美奂，诉说着清代盛世皇帝们对它们的衷爱。

【什么是苔纹玛瑙】

苔纹玛瑙是玛瑙的一种，化学成分为二氧化硅。它的英文名称为 moss agate，市场上常称其为水草玛瑙、苔藓玛瑙，也称天丝玛瑙等，它是一种具苔藓状、树枝状图形的含杂质玛瑙。内部的"草"与其天然的纹理交相成趣，宛如水中那抹飘摇的水草，婀娜多姿、蜿蜒缠绕、招摇伸展，荡漾在我们的心头，弥漫在我们的梦里。

苔纹玛瑙手镯（印度）

苔纹玛瑙中杂质的颜色并非一成不变，而是丰富多彩的，有绿色，也有黄色、红色或黑色。一般绿色通常由绿泥石的细小鳞片聚集而成，黄色、红色则是由铁（Fe）引起，黑色由铁（Fe）、锰（Mn）的氧化物聚集而成。

苔纹玛瑙

【故宫典藏——苔纹玛瑙】

清朝盛世雍正、乾隆皇帝喜用玛瑙制品，在《清宫内务府造办处档案》中，经常可以见到雍正、乾隆诸帝钦命造办处制作玛瑙器物的记载，雍正常口谕造办处"往秀气里收拾"、"往薄里磨做"。工匠多利用玛瑙的自然纹理巧做成各种器具，素雅精致，自然天成。

【苔纹玛瑙的评价】

市场上常见的苔纹玛瑙主要来自马达加斯加、巴西、印度及辽宁阜新。不同产地的苔纹玛瑙不同。

巴西、马达加斯加的苔纹玛瑙，其内部主要为黑色、褐色的杂质，基本无绿色杂质，其价值随其内部的图案而定，图案为象形或有美好寓意的价值较高。

阜新及印度水草玛瑙中的"草"主要为绿色，印度水草玛瑙中基本不含红色杂质，而阜新水草玛瑙中常常含有其他色，如红色、黄色等。此类水草玛瑙透明度越高，水草的颜色越鲜艳、颜色搭配越协调，价值越高。以水草所构成的图案美观、寓意美好者为佳。

玛瑙杯（台北故宫博物院藏）

玛瑙螭耳圆形小杯
（台北故宫博物院藏）

玛瑙八瓣花式碗（台北故宫
博物院藏）

玛瑙双耳六足杯（台北故宫博物院藏）

【小贴士】

　　市场上的水草玛瑙大多都是天然的，很少经过人工加热或染色处理，但有时会在玛瑙内打孔充入暗色染料，从而形成奇特的造型。在选购水草玛瑙时，要特别注意其表面有无孔洞，是否有充填的可能。

要入冬了呀，人们储存粮食，积蓄力量，但是我想做个可以穿越时光的精灵，去看看夏天的我自己过得好不好。

穿越时光的精灵
—— 琥珀篇

文 / 图：郭梦龑

　　琥珀作为一种古老的宝石，经历了几千万年岁月的洗礼，乘着时光机翩然而至。这是一段未完的时光之舞，琥珀作为主角将怎样延续它的美丽，神秘与故事？让我们一起拉开时光的序幕，迎接这个精灵的翩翩起舞吧！

　　传说琥珀是古希腊女神赫丽提斯的眼泪变成的，她的儿子法厄同私自驾着太阳车横冲直撞而遇难，赫丽提斯知道后悲痛欲绝，经过时光的洗礼，这位善良的母亲最终变成了白杨树，而她的眼泪则变成了晶莹的琥珀。

近代科学考证，琥珀是中生代白垩纪至新生代第三纪树木分泌的树脂连同树木一起被泥土深深掩埋，经过数千万年以上的地质作用，在地下而形成的有机宝石。

树上分泌出的树脂

【血珀】

血珀又称红珀，是棕红色至红色透明的琥珀，颜色接近血色最佳。血珀自古就极为珍贵，李时珍《本草纲目》记载"众珀之长、琥珀之圣"（形容瑿珀，即正常光线下为黑色、强光下为红色的琥珀）；"安五脏，定魂魄"，也是名贵的药材，有"珀中之王"的美誉。

因为价值最高，市面上造假的手法也层出不穷。但天然的血珀表面常见龟裂纹，滴乙醚表面会发粘。

金珀

【金珀】

金黄色的琥珀，透明度非常高，也是琥珀中的名贵品种。明谢肇淛《五杂俎·物部四》中曾经提到："琥珀，血珀为上，金珀次之，蜡珀最下。"

【蜜蜡】

半透明至不透明，金黄色、棕黄色、蛋黄色等，蜡状至玻璃光泽，质地比较软，因其色如蜜，光如蜡而得名。在物理和化学成分上蜜蜡和琥珀没有区别，

蜜蜡吊坠

简单的说，透明的叫琥珀，不透明的就叫蜜蜡。

【金绞蜜】

透明的金珀与半透明的蜜蜡互相绞缠结合时，形成一种绞缠状花纹的琥珀。而圈内除了金绞蜜以外还会有金包蜜，或者金带蜜，其实按字面理解就好。意思就是黄色

透明的优质琥珀里含带蜜蜡的一种，并根据蜜蜡在其中形成的姿态，而被取了不同的名字。

金绞蜜

【虫珀】

琥珀内部包裹了动植物的遗体，如果包裹了完整的昆虫，例如蜜蜂、蚊子、苍蝇、蝎子、蚂蚁等则非常珍贵，有很高的古生物研究价值。虫珀在已知的所有琥珀产地都很稀少，正是因为其稀缺而显得珍贵。

【蓝珀】

在透射光下呈黄色、棕黄色、黄绿色和棕红色等体色，反射光下呈现独特的蓝色。

虫珀

蓝珀产于多米尼加共和国及墨西哥一个叫 Chiapas 的县城，由于 Chiapas 县城连年的游击战争，目前多米尼加共和国是蓝珀的主要产地。蓝珀无论是原料还是成品，其荧光反应比普通琥珀都要强得多。蓝珀在长波下呈明亮的垩蓝色荧光，相当一部分还带有黄绿色调，甚至有些还呈蓝紫色、蓝绿色。

【琥珀的评价与选购】

选购琥珀时应该考虑颜色、块度、透明度、内含物等几个因素。

蓝珀镶嵌首饰

血珀

● **颜色**

琥珀最常见的颜色是黄色系，还有红色、绿色等。以颜色浓艳，纯正者为佳。通常以透明的血珀、绿珀和蓝珀价值最高。

琥珀手镯

● **块度**

一般而言，要求具有一定块度，越大越好。

● **透明度**

琥珀越透明越好（蜜蜡除外），晶莹剔透者最好，半透明至不透明者次之。裂纹也会影响琥珀的价值，无裂纹且透明者为佳。

● **内含物**

琥珀中可见植物与动物（一般为昆虫）内含物。通常内含物为动物者为佳，且内含物越稀有、完整程度越好、越清晰的有更高的价值。琥珀中植物或昆虫内含物越大、数量越多，其价值也越高。市场上也可见内部含有圆盘状包裹体（多为加热优化处理所致）的琥珀，被称为花珀。

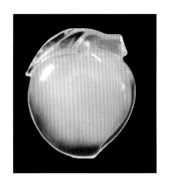

金包蜜吊坠

花珀吊坠

【小贴士】

1. 琥珀密度很小，大多数未镶嵌琥珀可浮于饱和盐水中，而其他大多数材料会下沉，通常可以此方法将琥珀与电木和塑料等其他材料区分开。

2. 琥珀硬度较低，应单独存放，避免摩擦、磕碰受损。

3. 由于琥珀熔点较低，要尽量避免强光长时间照射，远离热源，避免放在高温环境中，以免琥珀受到损伤。

冬天有动人的魅力，那一把红红的火苗，感动着冬日里稍显静寂的北京城。

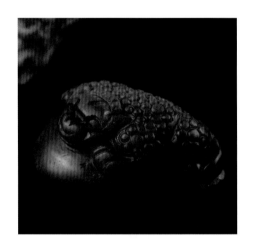

红红火火为哪般
——南红玛瑙（上）

文/图：潘 羽

　　南红玛瑙，能够确切知道且不存在异议的名字只有藏语叫做 ma.rai 或者是 ma.zhou，汉语翻译即红色的石头。在古代，南红玛瑙被称之为赤玉，用之入药，养心养血，佛教认为其有特殊功效。而自古以来 "玛瑙无红一世穷" 的说法则表现出南红玛瑙的珍贵，清代留存下来的南红重器有 "红白鱼花插" "凤首杯" 等。乾隆时期由于对雕刻工艺、玉石材料非常高的选择标准，使得传世珍品一度消失，而南红的产地迄今为止都是备受瞩目的焦点。

目前南红玛瑙原料根据产地主要分为三种：甘南红、滇南红、川南红。

这里值得注意的是，具体的价值应该根据具体的料子来判定，甘南红、滇南红、川南红虽是产地品质代表，但不论哪种南红，都是自然界对人类的恩赐，都很珍贵。

● **甘南红** 甘南红出自甘肃的迭部，这个区域的老南红珠子的密度异乎寻常的高，并且具有地域辐射性的特点。甘南红色彩纯正，颜色偏鲜亮，色域较窄，通常都在橘红色和大红色之间，也有少量偏深红的颜色，其中的雾状结构出现的概率较小。无论是红色部分还是白芯，都具有更好的厚重感和浑厚感，相对类似于水彩颜料。一般认为甘南红的质量是南红中最好的，甘南红多见于那些超级靓的老珠子。

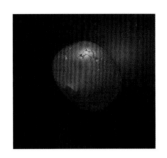

甘南红

● **滇南红** 滇南红产自云南保山，原料以块大多裂为特点。滇南红的色彩艳丽，但是色调偏灰调（美学意义上的灰调，而非灰色），颜色方面色域较宽，可以出现从粉白、粉红色、橘红色、朱红色、正红色、深红色、褐红色等红色调，视觉效果上容易出现表面雾状结构（或者说霜状结构），看起来有稀糊感，且雾状结构中雾易靠白调而非红调。此外，滇南红还可出现有半水晶质特征的"白芯"，看起来像水粉颜料。

滇南红

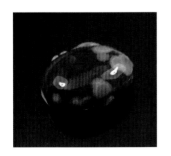

滇南红

● **川南红** 川南红是近两年才被大量开发的一个南红品种，产自川西的凉山州，目前市面上较大一部分南红雕件均为凉山南红。凉山南红是火山爆裂式喷发到地表后二氧化硅充填裂隙形成，属火山南红，开采自沉积岩。原石呈现圆顺造型，看上去和马铃薯造型很像，外号南红蛋蛋。从外表皮粗细程度来说，川南红通常分为两种较典型的类型：一是光滑如铁的"铁

川南红

皮壳"，二是相对粗糙的"麻皮壳"。铁皮壳的原石通常表皮较薄，肉质更细腻；麻面皮壳通常需要去掉较厚的外表皮才能看到里面润泽的肉质。

凉山南红玛瑙按颜色可以将其分为锦红、玫瑰红、朱砂红、缟红、红白料。此外，凉山南红的部分产地的峡谷小溪里产小块鹅卵石状的溪料，溪料为火山蛋蛋在水里经过冲刷磨掉了皮，自然抛光而成。

南红玛瑙对着强光能够看出红色的地方是由无数个类似朱砂的细小点聚集而成的点状结构，这些类似朱砂的细小点是含铁元素的物质，而不是朱砂（硫化汞）。南红的红色由这些细密的"朱砂点"汇聚而成，它们具体的分布实际上影响了南红颜色的好坏。

非洲红玛瑙原石

● 冲进南红市场的"一匹黑马"——非洲红玛瑙

有一种产于非洲的红色玛瑙，在外观和质地上与一些产地的南红玛瑙非常相似。由于非洲红玛瑙价格低廉，并不为大家所熟知，因此很多无良商家开始用其冒充南红玛瑙，很多料都拿来当滇南红卖。那么这里我们来看看非洲红玛瑙有哪些特征。

非洲红玛瑙产自非洲莫桑比克，比川料柿子红稍稍硬一点，块体相对较大，完整度高，表面多有类似于气泡或者像撞击产生的小裂斑。其颜色一般有樱桃红、灰玫红、优品紫红、浅珍珠红等，拥有足够的水头，即使不在手电下透过自然光看，水透现象也非常明显。非洲红玛瑙的成色一点不逊于凉山料，有些品质好的甚至可以产生像翡翠一样的起荧效果。非洲红玛瑙打光也可见内部类似朱砂点和纹理。

我的冬天想要一个暖炉，烤着我爱的红薯，火苗的影子映在好友的脸上，他们讲着关于宝石的小绯闻，那些故事很动人。

宝石也要闹绯闻
—— 市场上那些不规范用语

文 / 图：陈泽津

【绯闻一：冰裂纹与葡萄石的暧昧】

说明：由于葡萄石的纤维放射状结构使其看起来内部像有裂纹，市面上多用"冰裂纹"来描述这种现象，这使得冰裂纹很委屈。下面我们就把镜头切到现场，让冰裂纹来亲自解释一下。

小编：冰裂纹先生，您好，初次见面，读者们对您名字的由来很感兴趣，能简单说说么?

葡萄石中的裂隙

哥窑冰裂纹瓷器

冰裂纹：大家好，我是冰裂纹，产生于瓷器烧窑冷却过程中的釉面。因为长得像冬季冰面自然炸裂的线纹开片，因此大家都叫我冰裂纹。由于烧制我的过程极其艰难，需近百道工序，因此完美传世作品稀少。古有"哥窑品格、纹取冰裂为上"的说法，并在哥窑各种纹片瓷中排名首位。

小编：冰裂纹已成为中国传统几何图形之一，作为传统文化符号，经过漫长的历史凝练以后，已经被广泛地应用到当代的设计中，但是您怎么看待最近您和葡萄石的这些传闻呢？

冰裂纹：如你所说，我早已不单单是青瓷上的纹路，而是作为一种设计元素进行各种跨界合作。比如古代园林的冰裂纹花窗，现代的室内设计也会用到我。最令我荣幸的是，把我应用在国家体育馆"鸟巢"的设计当中。

这次和葡萄石作为搭档纯属偶然。用我来形容葡萄石的纤维放射状结构，我想这种形容并不准确，今后应该会有其他更专业的说法来形容她的结构。

【绯闻二：蓝—绿色碧玺与帕拉伊巴之谜】

说明：最近市面上风靡一时的帕拉伊巴碧玺，被人青睐的同时也存在着很多误区。下面就由小编带您来了解一下帕拉伊巴的心路历程。

小编：作为碧玺家族的后起之秀，您是怎么被人们发掘和认知的呢？

帕拉伊巴：1988 年，一支宝石勘探团队，经过艰苦的勘查与探寻，在巴西帕拉伊巴州发现了我。因为我体内铜和锰含量很高，明显不同于其他的碧玺，并且闪耀着电光般霓光，立刻引起了宝石界的轰动。

令人激动的是，1989 年美国图桑珠宝展上，我的身价从 100-200 美元每克拉一周内飙升至 2000 美元每克拉，被称为珠宝交易史上最浓墨重彩的奇迹。这是我至今都觉得兴奋的事情。

帕拉伊巴碧玺镶嵌戒指

小编：所以您是因为在帕拉伊巴州被发现而得名的对吗？

帕拉伊巴：对，我的故乡在帕拉伊巴州。但是因为身价的暴涨和短时间内过度开采，加之开采难度大，使得我一度消失在公众的视野里。

小编：之后又是怎样回到大家的视线中并仍旧保持以前的活力的呢？

帕拉伊巴：经过不懈的努力，探宝者分别于 2001 年在非洲的尼日利亚、2005 年在莫桑比克发现了同样也出产蓝-绿色调系列的碧玺的矿床。自 2003 年起，非洲所产的蓝-绿色调系列的碧玺以我之名而面市。

帕拉伊巴碧玺裸石

小编：可不可以这样认为，所有蓝-绿色调系列的碧玺都是帕拉伊巴先生您呢？

帕拉伊巴：这个问题在当时也是存在争议的，直到 2007 年，几家著名的宝石鉴定机构联合组成的协调委员会宣布：从巴西、莫桑比克及尼日利亚开采出来因铜和锰致色的、拥有中度偏浅—高饱和度的蓝色（电光蓝、霓虹蓝、紫蓝色）—绿色色调的碧玺，才会被称为帕拉伊巴。所以光颜色相似也是不准确的，还必须是因铜和锰致色。

手里把弄着几块和田玉的小籽料，不禁在想，这些小小的石头经历着怎样的故事。

咬文嚼字
——和田玉籽料究竟是哪个"zǐ"？

文 / 图：仇龄莉

　　中国有着悠久的用玉历史，而和田玉一直是玉石之中的佼佼者，素有"软玉之王"的美称。和田玉以其温润纯洁、清雅高贵的形象征服了万千爱玉之人。几乎所有的奇珍异宝都能够据物定价，但是唯有玉是无价之宝，其蕴含了中华民族千百年来的文化积淀及美好品德，并能与佩戴者产生心灵上的共鸣。

　　和田玉山料经过长期自然风化剥离和搬运作用，滚落于河流之中，在河流中经长期的冲刷和磨蚀，最终形成的玉料称为籽料。而"籽料"的"zǐ"字到底应该是哪个字？

这对我们了解和田玉，了解玉文化，了解中国文化都有着重要的意义。

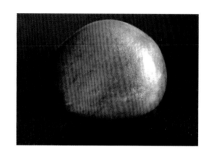

和田玉籽料原石

当代玉石行业中，对于和田玉籽料有三种主要的文字表达，即"籽玉"、"仔玉"、"子玉"。到底哪一种较为准确，能被大众所接受呢？业界并没有一个确切的标准，大家众说纷纭。

"籽"字在字典里的解释是：植物的种子。一提到"籽"，印入人们脑海里的一定是小而圆的植物种子形象，这与玉石籽料千万年来被风化剥蚀、水流冲击，使得表面光滑圆润、为卵石形状，块度比较小的形象非常相似。

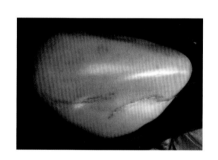

和田玉黄皮籽料

植物的籽是一株植物所产出的最精华的部分。同样的，和田玉经过水流的不断冲刷，去其糟粕，取其精华，结出像是种子一样的精华——和田玉籽料。外皮是新疆籽玉的重要外观特征，那一层天然的沁色外皮，色彩斑斓，令人赏心悦目；而植物的种子同样有一层外皮包裹，孕育在形态各异的果实中。

"籽"字与和田玉籽料都有着同样悠久的历史渊源。根据《山海经》记载："黄帝乃取峚山之玉荣，而投之钟山之阳。瑾瑜之玉为良，坚粟精密，浊泽有而色。"大意为黄帝取峚山山脉中的玉荣，种至钟山之阳，生出精密瑾瑜之玉。而黄帝取出的"玉荣"，极有可能是和田玉的精华——籽玉。黄帝将其像一颗颗种子一样播撒在钟山之阳，使其像植物一样生长、结果，生出精密瑾瑜之玉。

"仔"字主要描述动物的幼儿，是母体孕育生产

黄帝

而出，并能够成长为完全独立性格、本质上不同于母体的个体。而和田玉籽料是由其"母体"（和田玉山料）转变而来，并非"母体"孕育的结果。

相比之下，"子"与"仔"相似，但"子"多用于人类的后代，这与和田玉籽料的形成相差甚远，用"子"字来形容和描述籽料，显得平淡、不够生动与形象。

很显然，"仔玉"与"子玉"这两种说法都有其不完善之处。而"籽"字之玉——籽玉，展示出了大自然无限的生机和神奇，继承了中国瑰丽文化的历史积淀，其文字寓意与历史渊源有着极其深厚的联系。因此，经过编者调查，"籽"字在业界与生活中被接受的程度较高，建议使用"籽玉"来描述和田玉籽料。

樊军民 和田玉籽料兽耳衔环
玉兔鼓形钮盖瓶

和田玉籽料原石

和田玉籽料首饰

和田玉籽料镶嵌首饰

祖母绿的绿有的时候太过于隆重，而铬透辉石会不会刚刚好，就像刚刚好的你。

祖母绿的姐妹石
——铬透辉石

文 / 图：许 彦

究竟是怎样一种宝石，敢于去跟鼎鼎大名的祖母绿以姐妹相称呢？没错，就是她，美丽而不为人熟知的铬透辉石（Chrome Diopside）。"养在深闺人未识"的她，正缓缓向我们走来，揭开她神秘的面纱。

目前，铬透辉石在欧美等国家及港澳地区大受好评，在中国大陆地区尚属新兴宝石种类之一。越来越多的设计师将铬透辉石应用到珠宝首饰中，不久的将来，铬透辉石有可能会成为耀眼的明星，在宝石世界中大放异彩。

铬透辉石是一种含铬的透辉石，属于辉石大家族里面的一员。辉石家族盛产宝石，其中最知名的当属翡翠了，翡翠的主要成分是硬玉、绿辉石及钠铬辉石等，它们都是辉石家族的成员。

铬透辉石耳饰

铬透辉石中少量的铬离子导致了其艳丽的翠绿色。铬是一种神奇的元素，当宝石遇见了它，价值便会陡然提高。正是它——铬元素，让祖母绿、翡翠、铬碧玺拥有那种摄人心魄的绿色；还是它，赋予了红宝石热烈的火红色。如今，铬透辉石的绿，并不张扬，却是那么恬静温婉，同样让人爱不释手，魂牵梦萦。

春天是最美好的季节，若要选择一种颜色去代表春天，必定是绿色无疑。被誉为"西伯利亚祖母绿"的铬透辉石最早被发现于高寒的西伯利亚地区。由于西伯利亚地区气候寒冷，开采极不容易，只有在夏季才能被开采，因此产量稀少。而高寒地区的那一抹绿色，恰到好处地诠释了生命的弥足珍贵，于是，当地人们又赐给了她一个爱称"生命之石"。此外，铬透辉石在芬兰和南非的金伯利钻石矿地区也有产出。

铬透辉石戒指

透辉石的英文名是 Diopside，名字源自于希腊语 dis 和 opsis，前者为"双"的意思，后者为"影像"的意思。顾名思义，从适当的角度观察，可以看到通透的透辉石背后图案的双重影像。透辉石的折射率为 1.675–1.701，摩氏硬度为 5.5–6.5，相对密度约为 3.29，随着宝石中铁含量的增加，密度值稍有增大。除了铬透辉石，透辉石家族中的星光透辉石和透辉石猫眼也是非常稀少而珍贵的宝石品种。

目前市场上绿色宝石品种繁多，与铬透辉石相似的主要有祖母绿、沙弗莱石、翠榴石、绿碧玺等，消费者可根据其各自的宝石学特征予以识别，买到自己心仪的宝石品种。

铬透辉石戒面

今天的故宫没有下雪，依然挡不住屹立东方的威严，只是乘着紫气归来的良人，你会不会入我的梦里。

紫气东来
——舒俱来

文 / 图：潘 羽

　　珠宝展上有一种宝石蓄势待发，时光的流逝增添了她无穷的魅力，氤氲而出的紫色，混合着贵族的迷人气质与迈向成熟的典雅，她一出现就吸引了众人的目光。她象征着幸运，被南非捧为国宝之石。舒俱来石，她的气场如何修炼而来？如黑马一般的冲劲又能延续多久？我们拭目以待。

【幸运的千禧之石】

　　自 1944 年舒俱来石被发现以来，仅日本和加拿大（魁北克）有零星小矿区产出。

而 20 世纪末，在南非喀拉哈里沙漠发生了一件具有重大历史意义的事——喀拉哈里沙漠中部分塞尔锰矿的崩塌，让深藏于地下的宝石级舒俱来石为南非添上了浓墨重彩的一笔，这是宝石级舒俱来石首次呈一定规模的产出。南非国石就此诞生，舒俱来石也因此被称作"千禧之石"。

【什么是舒俱来石】

舒俱来石产于霓石正长岩，矿物成分以苏纪石为主，还包括霓石、石英、钠钙石等一些杂质矿物，宝石中常点缀着黑色、褐色和蓝色线状的含锰包裹体。舒俱来石的英文名称 Sugilite 是为了纪念其发现者 Kenichi Sugi，其中文名舒俱来为 Sugilite 的音译。

深蓝色舒俱来石

舒俱来石的另一个英文名字 "Lavulite" 则是得名于其薰衣草（英文：lavender）似的色彩。舒俱来石的颜色主要为深蓝色、红紫色和蓝紫色，有时在色带和色斑上呈现几种不同色调：黄褐色、浅粉红色和黑色等。

红紫色舒俱来石

【怎么辨别舒俱来石？】

有经验的人常通过舒俱来石的颜色特征加以辨别：

● 色调

舒俱来石特有的深蓝色、红紫色、蓝紫色和粉红色。

● 色形

舒俱来石特有的类似块状、分散而不规则的色块。

● **整体**

舒俱来石外观呈各种不透明的深浅紫与紫红色交织，有时甚至深至黑色。

【如何挑选舒俱来石？】

这种近年来出现在市场上并迅速升温的宝石品种尚未有广泛推行的分级评价标准，可依据珠宝玉石的评估方式，从颜色、透明度、切工和大小四个方面来对舒俱来石进行选购和评价。

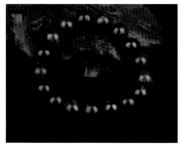

舒俱来石手串

● **颜色**

舒俱来石的颜色主要以蓝紫色和红紫色为主，有时在色带和色斑上呈现几种不同色调，使其外观呈各种不透明的深浅紫与紫红色甚至黑色相互交织。目前市场认为皇家紫为最优质的颜色。

● **透明度**

舒俱来石一般呈半透明到不透明，宝石级舒俱来石则呈明亮的半透明，与优质玉髓相似。以透明度好，黑色、褐色等杂质少者为佳。

● **切工**

弧面型舒俱来石

目前市面上的舒俱来石多加工成弧面型、珠型等形状，多制成手镯、手串、手排以及挂坠等首饰，近年来也出现了各种题材的雕件。评价舒俱来石弧面宝石的切工以圆润饱满、面平形正为佳；而评价舒俱来石雕件则以造型优美、雕工精细、题材新颖为佳。

● **大小**

在同等颜色、透明度、切工的基础上，舒俱来石越大越好，并且大小与价格呈非线性上涨。

舒俱来石雕件

舒俱来吊坠

【小贴士】

1. 舒俱来石硬度为5.5-6.5，具有一定的耐久性。做家务或运动的时候，应尽量摘下首饰，避免舒俱来石产生摩擦、磕碰以及与化学试剂长时间接触。

2. 平时不佩戴时，应将舒俱来石首饰单独放置在首饰盒内，尽可能避免灰尘、油污，要注意日常定期的清洁护理和保养。

就像历史的记录官，用自己的方式记录着春秋冬夏，悲欢离合。

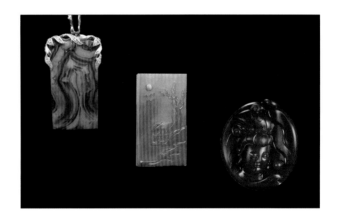

南红玛瑙、战国红玛瑙、黄龙玉
——不可小觑的石英质玉石

文 / 图：张雪梅

　　和田玉（软玉）、翡翠从古至今一直受人们的青睐，而不知从何时起，南红玛瑙、战国红玛瑙、黄龙玉慢慢走入人们的视线，进入人们的生活，它们都隶属于石英质玉石这一品种。石英质玉石一改之前的默默无闻，摇身一变，光彩夺目。下面就随小编一起历数近些年来大热的石英质玉石品种吧！

【什么是石英质玉石】

　　石英质玉石的矿物组成主要为石英，包括隐晶质的玉石（玉髓、玛瑙）和显晶质的玉石（石英岩），其化学成分主要是 SiO_2，可含一些微量元素 Ca、Al、Fe、Ni、Cu 等，使其呈现丰富的颜色。石英质玉石的历史悠久，是已知最古老的玉石之一。

【南红玛瑙】

"其色月白有红，皆不甚大，仅如拳，此其蔓也"，这是徐霞客笔下的南红玛瑙，在中国古代典籍中南红玛瑙被称为"赤玉"、"琼玉"。佛家七宝中的赤珠(真珠)就是南红玛瑙。早在春秋战国时期，南红玛瑙就已被用于贵族生活，清朝时期的运用尤其广泛，清朝官员顶戴花翎上的红色朝珠便是由南红玛瑙所制成。

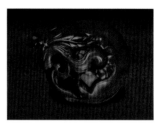

南红玛瑙把件

南红玛瑙颜色鲜艳，质地细腻，因其鲜艳的红色而征服了广大国人。"南红"玛瑙因其产地而得名，且由来已久，原指产于云南保山的红玛瑙。近几年，在四川凉山地区也有红玛瑙矿床发现，被称为"川红"，但也在以南红玛瑙的名义进行销售。因此，商业上的南红玛瑙范围已进行了扩展，既包括云南保山的红玛瑙，也包括了"川红"，甚至还包括了"甘红"（甘肃南部所产的红玛瑙）。

南红玛瑙柿子红与柿子黄把件

商业上将南红玛瑙的颜色分为锦红、玫瑰红、朱砂红、樱桃红、柿子红、柿子黄，以及红白料、缟红料等多个品种。

南红玛瑙的价值与其颜色色调及其浓艳程度密切相关，颜色均匀且无条带者价值较高。在选购南红玛瑙的雕件或把件时，除了观察其颜色和质地，还要观察雕件或把件的整体造型是否突出了其颜色的艳丽，是否体现了其美感；选购珠串时，要注意每颗珠子颜色、大小、圆润度是否一致。

南红玛瑙樱桃红戒面

【战国红玛瑙】

战国红玛瑙原石

战国红玛瑙是开采于辽宁朝阳、河北宣化的一种条纹玛瑙，属隐晶质二氧化硅。战国红玛瑙之美在于其色浓艳纯正，其质细腻温润，其形变化万千。

战国红玛瑙的条带或丝主要为红色和黄色，并且红、黄两色有着广泛的色域，如黄色可以从浅黄、土黄到明黄、艳黄，红色可以从暗红、棕红到橙红、鲜红。战国红的条带或丝之间可为无色或为不同色调的红、黄、紫的过渡色，如此之多的颜色和复杂的缠丝相结合，形成了战国红千变万化的特点。

战国红玛瑙中心常常具有透明、结晶的石英晶体，因而其雕刻的过程中，常常采取巧雕的手段，变废为宝。

购买战国红玛瑙时，要注意战国红玛瑙条带是否清晰，红黄搭配是否自然、具有美感。一般来说，有石英芯的价值往往要低于无石英芯的产品。

【黄龙玉】

黄龙玉的主要组成为隐晶质二氧化硅，因含有其他 Fe、Mn、Al 等微量元素而呈现丰富的颜色。黄龙玉于 2004 年在云南保山市龙陵被发现，其主色调为黄、红两色，兼有羊脂白、青白、黑、灰、绿等色。

黄龙玉自发现以来，由于主色调为红、黄两色，兼之其颜色、透明度与田黄相近，深受人们喜爱、追捧。在发现黄龙玉这一品种不到一年时间内，其价格飙升，翻了几番。目前黄龙玉市场趋于平稳，价格稍有回落。

黄龙玉摆件

瞿利军 黄龙玉扭转乾坤镇纸

新年刚过，我想去绝美的巴蜀看看，去看看通灵的南红，去感受浸着辣子的香气。

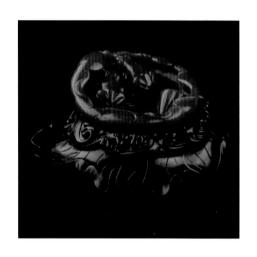

梦回巴蜀，南红归来
——南红玛瑙（中）

文 / 图：潘 羽

【川南红的身世】

在中国历史上，南红玛瑙曾一度被帝王将相、达官显贵、文人雅士、迁客骚人视为赏鉴珍品。清乾隆年间，优质南红玛瑙基本开采绝迹，近代产出的保山南红因绺裂较多而淡出舞台。直到近两年，四川凉山地区发现了质量较为上乘的南红玛瑙，中国红"南红玛瑙"重见天日，在珠宝市场一鸣惊人，引领又一波流行趋势。

【川南红的产地】

四川凉山地区地质结构复杂，高山、河流、峡谷众多，目前已知产出玛瑙的区县有美姑、雷波、金阳、布拖、昭觉、盐源、普格、甘洛等。

公认能够加工成成品的南红玛瑙基本来自美姑县的九口、瓦西和联合。

九口料（原石）

● **九口** 九口料南红玛瑙颜色以柿子红为主，变化范围小，少见其他颜色；内部可出现水晶心，色浓艳厚重，温润而有光泽。

● **瓦西** 瓦西料多产玫瑰红，高质量者为柿子红中带有玫瑰红的缟纹，不会有太多杂质，纯度高；在强光照射下颗粒较粗，原石多可见白色裂片。

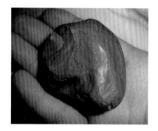

瓦西料（原石）

● **联合** 联合料多为樱桃红，放大观察可见密集型朱砂点，透明度较高，少裂。

【川南红的颜色】

市场上的南红玛瑙质量良莠不齐，颜色分类不一。目前川南红玛瑙的常见颜色种类有：锦红、玫瑰红、朱砂红、红白料、缟红、樱桃红。

联合料（原石）

● **锦红** 锦红以正红、大红色为主体，其中也包含大家所熟知的柿子红。最佳者红艳如锦，其特点：红、糯、细、润、匀。

市场上商家常用玫瑰红或柿子红充当锦红，因为锦红的红色是由密集的朱砂点所构成，较柿子红和玫瑰红含有更丰富的朱砂点。由于颜色浓而不透，故而肉眼观察锦红的朱砂点并不明显。

● **玫瑰红** 玫瑰红相对锦红偏紫，整体为紫红色，如绽放的玫瑰，较为罕见。

● **朱砂红** 朱砂红的红色主体明显可见朱砂点，这些朱砂点有时可密集组合而呈现出近似火焰的纹理，一般是指柿子红和玫瑰红交织在一起的现象，或者似水透的料子里充填有颜色浓厚的柿子红（或玫瑰红）的一种状态。朱砂红的火焰纹甚是妖娆，有一种独特的美感。

● **红白料** 红白料是指红色与白色相伴出现，质量高者红白分明，多见红白蚕丝料。红白料通过巧妙的设计雕刻，可达到意想不到的艺术效果。

缟红料（手把件）

● **缟红** 缟红料是以红色系为主体，纹理与缟红纹理相类似而缤纷多样。

● **樱桃红** 樱桃红颜色红似樱桃，玉质细腻、红艳通透，多产于美姑县联合乡，其水头足，晶体颗粒十分细腻。

阅读完四川各产区不同颜色南红玛瑙的相关知识，川南红玛瑙，您会看了吗？

红白料（老鼠爱大米）

朱砂红（手把件）

樱桃红（戒指）

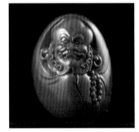

柿子红（佛把件）

并不是所有的红颜都是祸水，它们秉着自己的品格，遗世独立，不算倾国倾城，但也拥有醉人的眼眸。

红颜不薄命，一石亦倾城
——领略方解石之美

文 / 图：张雪梅

任何一种有致命缺陷的事物，也一定会有致命的魅力。方解石大概就是其中之一，她很脆弱，不经意间轻轻碰撞便会破碎，但她姿态妖娆，颜色多变，展现了令人难以想象的美丽。她如同鲜花一般静静地绽放着，令人叹为观止。

【多彩的方解石】

方解石的化学成分为 $CaCO_3$（碳酸钙），因含微量元素 Mn、Fe、Zn、Mg、Co 等而呈现丰富的颜色。由于方解石硬度低（摩氏硬度 3），具三组完全解理，性脆，且易与酸反应，因此出露地表的方解石往往受到大自然的洗礼之后，不复之前的"容颜"。

【悄然绽放的方解石】

方解石虽然硬度小，脆性大，易腐蚀，易裂成碎块，但大自然是公平的，给了它脆弱的外表，却赋予了它绝美的容颜与倾国之姿。单晶方解石常以自形晶（柱状、板状和各种形态的菱面体）呈现，集合体方解石则形态多样，可由片状（板状）或纤维状的方解石呈平行或近似平行组成的连生体（称为层解石和纤维方解石），也常见致密块状、粒状、板状、纤维状、土状、多孔状、钟乳状、鲕状、豆状、结核状、葡萄状、被膜状及晶簇状等。由于方解石受到敲击后常常呈方形碎块，因此得名。

玫红色的方解石

红色的方解石

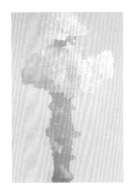

方解石的集合体

粉色的方解石

【方解石家族成员图览】

　　"独木难支，独树不成林"，方解石也有它的一群小伙伴，它们共生在一起，构成令人心动的美景。

方解石与雄黄、雌黄共生

方解石与白云石、辰砂共生

黄色的方解石

无色的方解石

方解石单晶体

方解石的集合体

橙黄色的方解石

不知元月的清风是否捎去我们的思念，新年临近，回家，吃一顿情深浓厚的团圆饭。

元月清风已逝，仲月情思正浓
——2月生辰石：紫水晶

文/图：白玉婷

【美丽的传说】

　　相传酒神巴斯卡有一次酒后恶作剧，将一名叫作阿麦斯特的少女推到一只猛兽面前，女神戴安娜不忍少女遭残害，便将其变成了一尊白色的雕塑。这时巴斯卡酒醒了，后悔不已，并被少女的雕像深深地迷住，伤心之时手中的葡萄酒不慎洒落到雕塑上，此时雕像居然幻化成美丽的紫水晶。为弥补自己的过失，也为了纪念这位少女，酒神便以少女的名字"AMETHYST"来命名紫水晶。因紫水晶中深藏着酒神的惭愧和内疚，所以就流传着用紫水晶杯子喝酒会有酒神守护、千杯不醉的说法，因此紫水晶在古希腊语中为"不醉酒"的含义。然而酒神为少女的雕塑所倾倒而产生丝丝爱意更赋予紫水晶象征爱情的含义，增添了一抹神秘而美丽的色彩。由于情人节正处于二月，紫水晶自然而然地也就成为了爱情的守护石，象征浓浓的爱意与和睦的婚姻。

【您真的了解"我"吗？】

紫水晶，顾名思义为紫色的水晶。水晶在自然界中被喻为古老的宝石之一。在数亿年前，富含二氧化硅的热液脉在一定的温压条件下充填地壳中的裂隙而缓慢沉淀结晶成柱状的水晶晶体。紫水晶是水晶家族中的贵族，人们在高山裂缝、浅成低温热液脉、花岗质岩石中的矿化腔及玄武熔岩的晶洞中均可发现紫水晶的身影。

紫水晶的化学成分为二氧化硅，属三方晶系，硬度为 7，玻璃光泽，折射率 1.54~1.55。紫水晶神秘梦幻的紫色是因其含有微量铁元素，其颜色深浅不一，可呈淡

紫水晶晶簇

紫色、紫红、深紫、蓝紫等颜色，其中以深紫红、深紫为最佳，正如《博物要览》中所描绘的那般："色如葡萄，光盈可爱。"绝大多数的紫水晶颜色较浅，若经过天然地热高温的作用，其中部分晶体有可能慢慢褪为黄色，则为紫黄晶。

【世界是"我"家】

作为水晶家族中身价最高的种类，紫水晶的产地很多，主要有乌拉圭、巴西、韩国、赞比亚和中国等，其中乌拉圭、巴西是两个主要的优质紫水晶产地（通常产出于玄武熔岩的晶洞）。

● **乌拉圭** 乌拉圭是产出成色较好紫水晶的地区，所产的紫水晶色浓且娇艳，伴有酒红色的"闪光"，多呈最高级的紫色调，因此常被奉为珍贵的上品。由于该地区很多矿点已经停产，因此其价格不断攀升。

紫水晶裸石

●**巴西** 巴西是个水晶王国，其水晶储量、年产量及出口量均占世界总量的 90% 左右。市场上的紫水晶多来自巴西。巴西所产的紫水晶颜色从浅到深范围较广，既有非常浅的紫色，也有色调鲜艳的佳品，还有微带黑色调的深紫色，甚至还有偏蓝的紫色。由于巴西紫水晶的品级参差不齐，因此价格范围也较大。

Bina Goenka 紫水晶手镯

●**韩国** 韩国的紫水晶颜色通常较深，大多数偏蓝紫，虽也娇俏动人，但不如乌拉圭紫水晶浓艳。韩国紫水晶的产出量近年来也在下降，且出口受到了限制，因此成色上乘者价格较高。

●**赞比亚** 赞比亚产出的紫水晶紫中带红，而且色泽光亮，色调奇异，虽透明度一般，但因产量较少，总体来说价值也比较高。

紫水晶裸石

●**中国** 我国的山西、内蒙古、河南和山东等地均有紫水晶产出，通常颜色较浅，品级一般，其产出量在世界上也占有一定的份额。

【百变的"我"】

在十八世纪之前，紫水晶作为最珍贵的宝石之一，其价值曾与钻石、蓝宝石、红宝石、祖母绿相当。到了十九世纪中期，欧洲移民在巴西等地发现了大规模的紫水晶矿床，数以亿吨的紫水晶被运回欧洲，使其价格一落千丈。目前，虽然紫水晶属于中低档宝石，但其中重达数十克拉以上且色泽浓艳纯净者仍可列入收藏级。品级较好的紫水晶通常会被商家切磨成刻面，用于镶嵌首饰或收藏；品级稍次者可磨成弧面或打磨成珠，多用于镶嵌或打孔穿串制成项链、手链等。

我们可以在很多品牌珠宝的作品中看到紫水晶的身影，花式切割与独特设计为紫水晶增添了梦幻的魅力。

直到今天，罗马大教堂的主教们在盛典时都要郑重地佩戴紫水晶戒指，并在宗教典礼时用高足的紫水晶酒杯来斟酒。紫水晶因其神秘而高贵的颜色，成了奢华与地位的象征。

【您怎样认出"我"？】

天然紫水晶水润透明，仔细查看内部会发现其含虎斑纹状、云雾状、棉纹等不均匀现象或絮状展布的气液包裹体，但品质极优的紫水晶内部也可能极为纯净。人工合成紫水晶绝大多数内部非常干净，偶见星点状气液包裹体、"尘"状包裹体等。

天然紫水晶往往颜色不均匀，会呈现出色带或色块。色带的宽窄和间距不一，有时可呈角状交叉。而合成紫水晶颜色均匀，浓艳且呆板，偶见色带，且其排列较为规则并无交叉现象。

Dior 紫水晶戒指

紫水晶高足杯（英国罗伊尔·罗尔斯公司赠中国政府）

紫水晶吊坠

一月梦归去，二月情浓时。紫晶浮幻世，华贵九重天。紫水晶，大自然中最优雅高贵的晶体使者，为二月带来了爱与温暖、生机与希望。让我们张开心灵的羽翼，来迎接二月的华美吧。

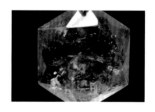

紫水晶内部包裹体

红色的宝石有着火一般的活力，有着太阳一般的热情，讨一枚红色的石头，祈祷全家人健康平安。

盘点那些闪耀在珠宝界的"吉祥"·"富贵"
——吉祥红色宝石（上）

文 / 图：张 格

　　"红"作为中国的一种文化图腾，这一色彩自古以来就占据着重要的文化地位，象征着平安、福禄和吉祥。中国人尚红，这吉祥的红更是中国人的魂。经历了世代承启、沉淀、深化和扬弃，幻化为中国文化的底色，弥漫着浓浓的祝福。这吉祥的红更是吸纳了朝阳最富生命力的元素，采撷了晚霞最绚丽迷人的光芒，蒸腾着熊熊烈火的极温，凝聚着血液最浓稠活跃的成分，糅进了相思豆最细腻的情感，浸染了枫叶最成熟的晚秋意象……

让我悄悄告诉您，在璀璨的珠宝界同样有许多宝石在闪耀着"吉祥"的光芒。我们知道"红"的色彩有许多，例如：娇嫩的榴红、深沉的枣红、华贵的朱砂红、朴浊的陶土红、沧桑的铁锈红、鲜亮的樱桃红、明妍的胭脂红、羞涩的绯红和暖暖的橘红。那么就让我们了解一下这些"吉祥"的红带给我们怎样的吉祥祝福吧。

【红宝石】

在这众多的的"吉祥"宝石中，领军人物当属红宝石了。红宝石是红色宝石中最名贵的品种。

红宝石裸石

红宝石的"Ruby"一词来源于拉丁语"Rubens"，意为红色，是指颜色呈红色的刚玉。它与蓝宝石同属于刚玉族，但不是自然界所有红色的宝石都是红宝石，只有由 Cr^{3+}(铬)致色的红色刚玉才能够被称为红宝石。红宝石中以"鸽血红"色的红宝石最具收藏价值。鸽血红是一种几乎可称为深红色的鲜艳强烈的色彩，能够把红宝石的美显露无遗，其红色除了色泽纯正之外，饱和度也很高，给人以"燃烧火焰"的感觉。但鸽血红宝石产量极为稀少。鸽血红之下，艳红色红宝石最为上品，玫瑰红、粉红色次之。

"卡门·露西娅"红宝石戒指

红宝石是七月的生辰石。不同色泽的红宝石来自不同的国度，却同样意味着一份吉祥。其炎热的红色使人们总将它与爱情联系在一起，被誉为"爱情之石"，象征着爱情的美好、幸福和坚贞。红色永远是美的使者，所以红宝石更是将祝愿给予他人的最佳向导。

【红色尖晶石】

尖晶石，英文名称为 Spinel, 源自拉丁文"Spinells"，其字面意思是"荆棘"，使人联想到尖晶石晶体的尖锐棱角。尖晶石自古以来就是较珍贵的宝石,因其美丽、稀少，所以也是世界上最迷人的宝石之一。由于红色尖晶石具有美丽鲜艳的色彩，因此古时候人们曾一度将其误认为是红宝石。

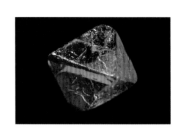

红色尖晶石晶体

尖晶石为镁铝氧化物组成的矿物，由于含有多种不同的元素，所以尖晶石可以有不同的颜色。红色尖晶石由于含微量致色元素 Cr^{3+} 而呈现深浅不同的红色，其中浓艳纯正红色者是尖晶石中最珍贵的品种，过去被误认为是红宝石，如英国王冠上"黑王子红宝石""铁木儿红宝石"等，直到近代才鉴定出是尖晶石。在美丽的红色尖晶石中，颜色以浓艳纯正的深红色为最佳，其次是紫红、橙红、浅红色，要求颜色纯正、鲜艳。透明度越高，瑕疵越少，则质量越好。

Piaget 草莓戒指

1660 年被镶在英帝国国王王冠上
重约170 克拉的"黑王子红宝石"
（Black Prince's Ruby)

相传，红色尖晶石能增强个性中积极的因素，帮助人们获得成功，并谦逊地看待自己的成就。

【红碧玺】

十八世纪的一个夏天，几个小孩在荷兰阿姆斯特丹玩弄航海者带回的彩色石头，惊奇地发现这些石头在阳光下能吸引或排斥轻物质（灰尘、草屑等）。因此，荷兰人把这种石头称为"吸灰石"。

矿物学家将其命名为电气石，也就是我们常说的碧玺。碧玺的英文名称为 Tourmaline，是从古僧伽罗（锡兰）语 Turmali 一词衍生而来的，意为"混合宝石"。

碧玺是一种硼硅酸盐矿物，并且可含有铝、铁、镁、钠、锂、钾等元素。正是由于这些微量的化学元素，碧玺可呈现彩虹般的颜色。我们说的

红色碧玺晶体

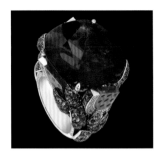

Piaget 红碧玺戒指

红碧玺是粉红、桃红、玫瑰红、深红、紫红等以红色调为主的碧玺，红色的成因可能与微量的锰有关。碧玺中，红色碧玺较珍贵，其中价值最高的是商界称为"Rubylite"的鲜红色碧玺，其次为玫瑰红、紫红、桃红、粉红碧玺。

红碧玺象征着吉祥、乐观、好运、喜庆，可以鼓舞勇气，视觉感强，给人以活泼、热烈之感。将其赠送给异性，意为赞美对方、表达爱意。

【红色石榴石（铁铝·镁铝·锰铝）】

石榴石是一种外观形态与石榴"籽"非常相似的宝石矿物，故名"石榴石"，其英文名称为 Garnet，由拉丁文"Granatum"演变而来，意思是"像种子一样"。石榴石的化学组分较为复杂，不同元素构成不同的组合，故而形成类质同像的系列石榴石族。红色系列石榴石族中的主要品种为铁铝榴石、镁铝榴石、锰铝榴石。

红色石榴石原石

● **铁铝榴石** 颜色多为暗红、褐红，因含有较多的铁元素，颜色像血浆般暗红浓郁、至深至纯。包裹体发育的晶体，琢磨成弧面宝石时可呈现四射星光、六射星光，甚至十二射星光。

● **镁铝榴石** 颜色多为玫红、紫红。它具有极佳的透明度和光泽，粉红中带着点玫瑰的色泽，让人浮想联翩。

铁铝榴石

● **锰铝榴石** 颜色变化从黄色—橙黄色—橙红色，也有橙黄褐色的。锰铝榴石中橙红色为最佳品种。

红色石榴石作为一月的生辰石，人们常将石榴石

锰铝榴石

作为护身符佩戴在身体上，象征着幸运、友爱、坚贞和淳朴，是广受人们喜爱的"幸运种子"。

【红珊瑚】

红珊瑚属有机宝石，英文名称为 Coral，来自拉丁语 Corrallium。其色泽喜人，质地莹润，生长于深海中。红珊瑚在东方佛典中亦被列为七宝之一，自古被视为富贵祥瑞之物。

红珊瑚摆件

珊瑚是一种低等腔肠动物珊瑚虫分泌的钙质为主体的堆积物形成的骨骼，形似树枝。红珊瑚颜色鲜艳美丽，呈浅至暗色调的红至橙红色，有时呈肉红色，这美丽的颜色源自其生长过程中吸附的铁元素。

商业中所提及的阿卡珊瑚（Aka Coral）是指产于日本南部以及中国台湾附近岛屿的优质珊瑚，多为红色，少见粉红色及白色；桃红珊瑚（Momo Coral）是指产于日本南部以及中国台湾附近海域浅粉色至深桃红色的珊瑚；沙丁珊瑚（Sardinia Coral）是指产于意大利南部沙丁尼亚岛附近的地中海海域的红色珊瑚。

沙丁珊瑚

红珊瑚在中国以及印度、印第安民族传统文化中都有悠久的历史。在中国古代，红珊瑚就被视为祥瑞幸福之物，代表高贵权势，所以又称为"瑞宝"，是幸福与永恒的象征。

【血珀】

琥珀，其英文名称为 Amber，来自拉丁文 Ambrum，意思是"精髓"。近代科学考证，琥珀是中生代白垩纪至新生代第三纪树木分泌的树脂连同树木一起被泥

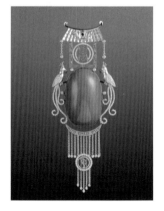

台湾设计师王月要女士作品

土深深掩埋，经过数千万年以上的地质作用，在地下石化而形成。琥珀以其浓厚的文化底蕴和迷人的外表而深受人们喜爱。

血珀作为琥珀家族中的贵族，颜色鲜艳如血、纯净如水、色彩鲜艳，可呈正红色和深红色。血珀的形成条件非常苛刻，因此血珀十分稀少，故而珍贵。血珀的颜色通常代表着它所具备品质的高低，红色色泽

血珀手串

从浅到深，血珀的品质呈现出从低到高的状态，红色色泽越纯正均一，其品质就越高。

品质最优者为深血红色血珀，这类血珀被誉为是血珀的最佳颜色，色如其名，如血般浓艳明亮。

其次为樱桃红和酒红色血珀，此类血珀有着如樱桃和红葡萄酒般明亮的色泽，看上去极为诱人，颜色艳丽、均一、无杂色。

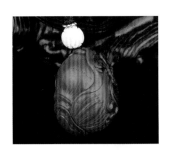

南红玛瑙挂件

南红玛瑙手串

琥珀作为佛教七宝之一，质地通透，触感温润细致，颜色鲜艳，常被人们作为外出保平安的护身符。

【南红玛瑙】

南红玛瑙，在古代被称之为赤玉，能够确切知道且不存在异议的名字只有藏语叫做ma.rai或者是ma.zhou，汉语翻译即为红色的石头。南红玛瑙颜色艳而不俗，其质地如和田玉般温润如脂，被视为上天的馈赠。

南红玛瑙的颜色以红色为主，根据其形成的地质环境不同，呈现不同的质地和色调。呈现单一红色的南红玛瑙主要有：锦红、玫瑰红、樱桃红和朱砂红。

●锦红 南红中，锦红最为珍贵。最佳者红艳如锦，其特点：红、糯、细、润、匀。颜色以正红、大红色

为主体，其中也包含大家所熟知的柿子红。

- **玫瑰红** 颜色相对锦红偏紫，整体为紫红色，如绽放的玫瑰。

- **樱桃红** 颜色如樱桃般红润，质地细腻、通透。

- **朱砂红** 红色主体可以明显看见由朱砂点聚集而成，也有的呈现出近似火焰的纹理。

南红玛瑙浓艳的红色不但能使人提升勇气、信心倍增，而且象征着和谐与忠诚。

在珠宝界中"吉祥"红色宝石有许多，它们也许意味着喜庆、福禄、康寿、和谐、团圆、成功、忠诚、勇敢、兴旺、浪漫、性感、热烈、浓郁、委婉；也许意味着百事顺遂、驱病除灾、逢凶化吉、弃恶扬善……总而言之，这些红色宝石都蕴含着满满的平安、吉祥的祝福。

似曾相识的风景演绎着不同的故事，隔江红火的花朵争相开放着，向你传达着春的消息，一切都在好起来。

风景旧曾谙，江花红胜火
——红翡

文 / 图：李擘

【什么是红翡】

红翡是红色翡翠的简称，指的是以红色调为主的翡翠，包括黄红、橙红、褐红、鲜红等以红色为中心左右偏移的色调。红翡中颜色首推"鸡冠红"，色如鸡冠，亮丽鲜艳，玉质细腻通透，堪称红翡中的极品。

【红色是怎样形成的】

红翡的红色并非翡翠本身的颜色，属于"次生色"。仔细观察红翡，可发现其红色主要出现在翡翠原料的表皮，或者沿裂隙分布。这是因为在地质作用下，自然界的氧化铁沿着翡翠矿物晶体的间隙或裂隙渗入翡翠内部，其中三价铁的存在便导致了各种红色色调的出现，一般位于翡翠原料的表皮或表皮以下较浅的位置，称为"红雾"或者"红皮"。同时也使得大多数红翡质地粗糙，种水较差，故红翡中以豆种居多，少数能达到糯种，冰种红翡则属极品，可遇而不可求。

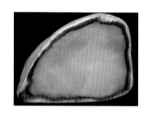

翡翠原石剖面图

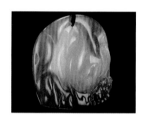

红翡吊坠

【"烧红"翡翠】

"烧红"翡翠有个更形象的名称——"焗色红翡"，带有黄褐色调的低档翡翠经过高温热处理，黄褐色转变为鲜亮的红色，获得价值较高的红翡的过程为'烧红'。根据国家珠宝玉石标准规定，对宝玉石的热处理是一种人们可以普遍接受的方法，属于优化范畴，"烧红"翡翠因其对翡翠进行热处理，因此在质量检验证书上仍可标为"翡翠"，即天然翡翠。

"烧红"翡翠原石

"烧红"翡翠是模拟自然条件，在人工环境下快速完成的，与自然形成的红翡在呈色机理上近乎相同,其颜色基本不变。尽管如此,人工"烧红"翡翠与天然红翡还是有一定差异。

● **鲜艳程度** 天然的红翡往往色调灰暗，为褐红色，颜色多变，有层次感；烧红翡翠往往是鲜艳的红色，颜色明亮，比较单一，无层次感。

● **质地细腻程度** 鲜艳的天然红翡的质地比较润泽细腻；相对而言，"烧红"翡翠质地显得粗糙，种干，颗粒感明显。

● **颜色界线** 天然红翡红色与其他原生色（白色、绿色或紫色）为突变关系，会有一个截然明显的界线；"烧红"翡翠颜色界线不清晰，为渐变过渡关系。

左："烧红"翡翠　右：天然红翡

红翡吊坠

- **透明度** 天然红翡红色部位相对会透明一些，尤其是界线部位透明度会比较好；烧红翡翠不同颜色之间透明度变化不大，红色部位有时反而透明度差。

- **表面光滑程度** 天然红翡抛光后表面光滑平整，反光明亮；"烧红"翡翠会出现细小干裂纹，光滑程度降低，反光弱。

- **价格高低** 天然红翡与"烧红"翡翠的价格也有很大差异，品质相近的天然红翡的价格远远高于"烧红"翡翠的价格。

【红翡的雕刻工艺】

红翡色彩绚丽，光鲜夺目，因符合中国传统文化习俗，深受人们喜爱。由于红翡色分布的特殊性，许多雕刻名家运用俏色巧雕，赋予其巧妙的构思，创作出令人惊叹的优秀作品，吸引了众多藏家。

【红翡的镶嵌工艺】

红翡还常常与贵金属为伴，配以其他宝石，镶嵌成饰品。使得红翡在多种元素的映衬下熠熠生辉，多姿多彩。对广大消费者同样具有很大的吸引力。

红翡吊坠

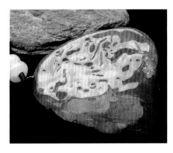

红翡手把件

红翡镶嵌戒指

这红火的颜色向我们传递着春的讯息，吉祥如意，富贵一生，这是妈妈日夜的祈祷。

盘点那些闪耀在珠宝界的"吉祥"·"富贵"（下）
——富贵黄色宝石

文 / 图：张格

中国古代崇尚黄色，它常常作为君权的象征，意为君权神授，神圣、尊贵不可侵犯。周代以黄钺为天子权力象征，隋代以后皇帝要穿黄龙袍，黄色逐渐成为君主独占的颜色。可见自古以来，黄色在人们心中的地位是何等尊贵、辉煌，它那闪耀着的金色光芒，便是无边的财富和权力的象征。

在珠宝的世界里同样不乏闪耀着"富贵"的黄色宝石，它们像一张张笑脸，灿烂、辉煌，闪耀着太阳般的光辉。我们拥有了"吉祥"红色宝石的祝福，再让我们瞧瞧"富贵"的黄色宝石能够给我们带来怎样的好运吧!

【黄色钻石】

Tiffany 黄钻（重达 101.29 克拉）

　　钻石，英文名称 Diamond, 源于古希腊文 Adamas，意为"无可征服"。钻石因具有纯洁美丽的外表、坚硬无比的硬度、超稳定的化学性质、深厚的历史文化底蕴，以及在世界宝石贸易中销售额位居第一而成为当之无愧的"宝石之王"。钻石的颜色除了我们常见的无色至浅黄色，还有较为稀少的黄色、绿色、蓝色、粉色等品质达到宝石级的有色钻石，称为"彩钻"。黄钻即颜色呈现浅黄、金黄色等不同程度的黄色钻石，其颜色的形成是由于钻石内的微量氮原子取代钻石晶格中的某些碳原子，钻石会吸收自然光中的蓝紫色光线，因而呈现黄色。黄钻的颜色以正黄为尊，正黄色又名亮黄、纯黄色，不掺杂任何灰、红色调，同等级别中颜色越浓艳者价值越高，黄钻中颜色以具有极高的饱和度和明亮度的金丝雀黄（Canary yellow）为最佳。

　　"钻石恒久远，一颗永流传。"钻石色泽鲜明、雍容华贵，备受人们喜爱。钻石是天长地久的宝石，是无坚不摧的宝石，是永恒存在的代表。钻石是爱情坚贞不渝的见证，是权力与财富的化身，是传递真挚感情的纽带，被誉为四月的生辰石和结婚六十周年的纪念石。温暖的黄色钻石是金子的色彩，是太阳的色彩，它乘载着欢乐、富有和荣耀。

【黄色猫眼石】

猫眼戒指

　　猫眼石的英文名称为"Cat's eye"，是指具有猫眼效应的金绿宝石，其弧形观赏面在光线照射下，可呈现出一条明亮的光带，转动宝石时，光带随光线移动一开一合，酷似猫的眼睛，这种奇异的光学效应，即称为"猫眼效应"。在宝石领域中，具有猫眼效应的宝石品种很多，但只有具备猫眼效应的名贵金绿宝石，才能直呼为

"猫眼"或"猫眼石"。猫眼石的颜色通常呈现黄、黄绿、灰黄、褐绿等色，蜜黄或葵花黄色品种价值较高。优质的猫眼要求宝石无明显内含物，半透明，眼线完整灵动，明亮笔直。

金绿猫眼产量稀少，坚硬耐久，奇妙而珍贵，被誉为宝石界的"贵族"。人们相信佩戴猫眼石可以带来好运气，创造财富，永保健康。

【金发晶】

发晶是指包含了不同种类针状矿物包裹体的天然水晶，这些排列不同的毛发或针状矿物质分布在水晶的内部，整体看来就像是水晶里面包含了发丝一样，故名"发晶"。金色发晶因其内部所含的金红石针状包裹体的不同形态而呈现不同的视觉效果，在强光照射下会呈现内部发丝金光闪闪的景象，耀眼动人。

金发晶戒面

● **金发晶** 针状金红石包裹体较细而绵密，更接近发丝的质感，金色较浅。

● **发晶猫眼** 针状金红石包裹体发丝细直、且呈平行取向的发晶，加工后可出现"猫眼效应"。

金发晶在水晶中极为稀少和珍贵，寓意吉祥如意，是品位与地位的象征。金发晶的金色对应着财富，因此人们认为佩戴金发晶可以带来财运并有助于事业的成功。

【黄翡】

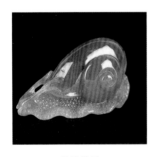

黄翡雕件

黄翡，作为翡翠家族中的一员，颜色厚重浓艳，低调而华美。黄翡为黄到褐黄色的翡翠，黄、褐黄色均为次生矿物褐铁矿浸染翡翠表面而形成的颜色，黄翡较红翡更加贴近表皮，多以"黄雾"的形式呈现。多数黄翡混浊不纯，常带褐色，不够阳也不够透。天然优质的黄翡呈橘黄色或蜜糖色，晶莹透亮，色鲜又匀，属黄翡之上品，较为罕见。

中国自古以来，尚红贵黄，黄翡象征尊贵和权力。《白虎通义·号篇》里记载："黄者，中和之色，自然之性，万世不易。"而橘黄色或蜜糖色的黄翡，颜色不仅醇厚诱人，更透着那浩浩荡荡的尊贵之气。

金珍珠

【金珍珠】

珍珠是一种古老的有机宝石，其英文名为 Pearl，源于拉丁文"Pernula"，意为"海之骄子"。自古以来，珍珠以其细腻的质地、独一无二的珍珠光泽，含蓄而内敛的神韵，深得世界人民的喜爱。珍珠的色泽呈现出来的是体色、伴色和晕彩的综合效果，金色珍珠是指体色为米黄色、金黄色、橙黄色的珍珠，其颜色的形成与母贝类型、母贝水生环境、母贝中所含微量的铜元素以及蛋白卟啉有关。同等圆度的金色珍珠以浓艳的金黄色为最佳，具有极强的珍珠光泽和变幻莫测的晕彩。

既无钻石的璀璨耀眼，也无彩宝的炫目艳丽，珍珠色泽温润细腻，自然形态优美，正是这浑然天成的温柔美丽成为珍珠最为迷人的特点。那捉摸不透的神秘韵味和典雅气质与女性的柔美如出一辙，宛如优雅含蓄的东方女性。珍珠是带有生命特征的珍宝，其温润高雅的气质和独特的珍珠光泽是其他贵重宝石无法比拟的，珍珠作为六月的生辰石和结婚三十周年的纪念石，有"宝石皇后"的美誉。

Destino 珠宝

蜜蜡

【黄色蜜蜡】

蜜蜡是呈不透明或半透明状，颜色普遍以金黄色、棕黄色、浅黄色等不同程度的黄色为主的琥珀。蜜蜡是大自然赐予人类的天然珍贵宝物，它的形成过程须经历数千万年，其间历尽沧桑，给它增添了岁月的厚重感。蜜蜡的神奇变化，使它无一雷同，任何一件都是世间独一无二的，它的美丽、神奇，每每予人一番惊喜。

我们常见的蜜蜡颜色有褐红、枣红、柠檬黄、蜜黄、鹅黄、鸡油黄等，其颜色的成因非常复杂，蜜蜡所含有琥珀酸的多少、所在地质层的深浅、所侵入的矿物质元素和周围的温度变化都影响着蜜蜡的颜色。

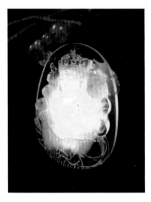

"金包蜜"琥珀

蜜蜡，曾被诗人称为时光的固化、瞬间的永恒。它们凝结着千百万年的生物能量，蕴含着无数神奇传说，散发出独特迷人魅力。内敛且幽深的蜜蜡，具有醇厚的蜡质光泽，在古代被称为"北方之金"。中国自古视蜜蜡为吉祥之物，也同时象征着"权力"。如今，人们渐渐将目光从金银钻石转移到蜜蜡。虽没有金子的奢华，没有钻石的耀眼光泽，但蜜蜡温润的质感不过分张扬，静静地衬出古朴雅致，含蓄地表现着品位与修养。

【虎睛石】

虎睛石，英文名称为"Tiger's eye"。虎睛石属于木变石的一种，是一种硅化石棉。当岩石中的青石棉矿体遭受酸性热液的交代作用，使青石棉变成了由 SiO_2 组成的隐晶质石英集合体，但却保留了石棉的纤维状结构，因其外观很似木质而被称为"木变石"。木变石颜色多为金黄色、棕黄色、棕色、蓝色和灰蓝色，此外还可见红棕色、褐紫色及杂色等，其质地细腻坚韧，微细纤维状结构非常明显，具强烈的丝绢光泽，猫眼效应显著。

虎睛石手串

虎睛石被认为是自然界的瑰宝，大地的奇迹，其美丽的丝绢光泽如同虎眼霸气犀利的眼神，散发出璀璨的金色光芒，使人增添勇气与信心去创造财富。

珠宝界中的富贵黄色宝石诠释着端庄、高贵、典雅，象征着每日的朝阳，使人充满希望。愿这些美丽的黄色宝石带给人们富贵、优雅与好运。

钻石再耀眼也要有人懂，容颜再美丽也要有良人珍惜。

红尘浊，花间错，华钻独彩为谁烁？
——4 月生辰石：钻石

文 / 图：白玉婷

四月春风徐来，也为我们迎来了宝石界的王者至尊四月生辰石——钻石。几个世纪以来，钻石纯净而高贵的绚美令人赞叹，逐渐成为每个女人都渴望拥有的宝物。

钻石的英文名"diamond"源自希腊文"adamas"，意谓不可征服，这是由于钻石的外形酷似两个金字塔倒扣在一起的八面体形态。公元前几百年，钻石首次在印度被发现，当时人们看重其驱邪的法力多于漂亮的外表，视之为护身符，可免受毒蛇、猛火、恶疾及盗贼的侵害，更可服妖降魔。

【璀璨起源】

钻石原石

2800 年前，钻石被发现于印度克里希纳河及彭纳河流域的沉积物的石子中，一个孩童不小心踩在上面扎进脚中，发现了美丽的钻石，便自此揭开了钻石一页页辉煌的历史篇章。

钻石一路从远古走来，回首望去，在那个特定的历史时期里充满了积极的探索和强有力的征服。钻石戒指作为定情信物，可以追溯到 1477 年，奥地利的马克西米连送给法国勃艮第的玛利公主一只钻戒，从此开创了赠送钻石订婚戒指的先河。人们将纯净、璀璨、坚不可摧的钻石与今生永不变的爱情联系在一起，把钻石作为表达爱意的最佳礼物。"钻石恒久远，一颗永流传"，国际钻石业中著名的跨国公司——戴比尔斯，为了打动世界的芳心，推出了"A diamond is forever"的经典口号，使得钻石成为永恒爱情的象征而风靡全球。

马克西米连一世与玛丽公主

钻石还是四月生辰石，象征着贞洁与纯洁，并且是结婚 60 周年纪念宝石。所以，结婚 60 周年又称钻石婚，象征着钻石般璀璨、永恒的爱情。

【王者之由】

在宝石的世界里，钻石堪称"宝石之王"，千百年来地位无可撼动。

钻石外观亮丽、光泽璀璨、动人心魄，在宝石界中倍受人们关注和喜爱。

俗话说"不是金刚钻，别揽瓷器活"——在所有宝石品种中，钻石的摩氏硬度为 10，位居宝石之首，可用来切割其他所有宝石。

不管历经多少岁月，钻石凭借其超稳定的化学性质（耐强酸强碱）依然保持着原来的模样，不畏腐蚀，不惧风霜，这一特性是其他任何宝石或金属无法与之媲美的。

物以稀为贵，钻石的产出极为稀少故而珍贵，每 250 吨矿石中才能产出一克拉钻石，而每克拉钻石仅为 0.2 克，为采收一克拉钻石所需移动的土石泥沙，依场所不同而异，平均比率为 1：1250000000。

在世界宝石贸易中，钻石的销售额位列众宝石之首。不仅如此，钻石同黄金一样作为国家财富的标志，归入战略储备之中，由此可见钻石的珍贵。

钻石裸石

【美，不只一面】

完美切割的钻石能够将进入钻石的光线最大程度地从内部反射出来，闪烁出最璀璨的光芒。

钻石原石常呈现天然的八面体、菱形十二面体及它们的聚形。

从十四世纪开始，早期切割工匠将钻石设法磨出尖顶。

十五世纪，钻石切割出现台面。

到了十六世纪，玫瑰式切割开始出现，这种切割样式一直延续到十九世纪。

明亮式切割的出现是钻石切割的一大进步，使钻石拥有更明亮的火彩。

现代的丘比特式切割，通过观测镜，从钻石正上方俯视，可以看到大小一致、光芒璀璨且对称的八支箭，从钻石的正下方观看则呈现出完美对称、饱满的八颗心，我们称为"八心八箭"切工。无论从任何角度，都能看到最璀璨最耀眼的光芒，它的八颗心和八支箭折射出的爱情意义，无与伦比而又妙不可言，就像爱神丘比特的来访，通过心与箭的映照，让人怦然心动，代表着爱情坚定不移。

钻石的花式切工

美国加州一个叫丹麦村的小镇里，有一个关于钻石的美妙传说：每颗钻石都是女人上辈子留下的珍贵眼泪，此生她要找回她的眼泪才能真正迎接幸福。因此，当一枚钻石以爱的名义戴回到她们身上时，便会为她们洗涤悲伤，阻挡厄运，迎来幸福。

岁月静好，却也总会轻轻地模糊了尘事，消蚀了记忆，但永远带不走钻石那不朽的绚丽与纯净，因为它被爱神定格在永恒的四月，生生世世，永不褪却。

Van Cleef & Arpels Zip Ballerina
白金镶嵌钻石项链

小溪春深处，烟树满晴川，彩钻的好时节要来临。

草树知春不久归，百般红紫斗芳菲
——五彩斑斓的彩钻世界

文 / 图：张 欢

  钻石，两千多年前在印度首次被发现，是摩氏硬度最高的矿物。长久以来，璀璨闪烁、价值连城的钻石使得无数人为之心动着迷。彩色钻石是极为罕有的，因为每100000颗天然的钻石里面才可能有一颗彩钻，每一颗都极其珍贵、无可替代。目前，彩钻被认为是值得长线投资的宝石之一，也是各大钻石品牌关注与收藏焦点。因为罕有稀缺，彩钻成为各大拍卖行的宠儿，频频刷新苏富比、佳士得等著名拍卖市场的新纪录。下面就由小编带您进入彩钻的世界，在这乍暖还寒的4月，一起领略钻石的流光溢彩。

　　钻石根据颜色可以分为两大系列：无色—浅黄的开普系列和彩色系列。彩色系列包括黄色、绿色、蓝色、粉红色、红色等钻石。颜色是影响彩钻价值的一个关键因素。由于彩钻的颜色鲜艳美丽、极其稀有，因此同等条件下其价格往往要比白钻价格高得多。

　　彩钻形成的过程复杂、条件苛刻。彩钻之所以五光十色，是因为钻石内部含有不同的微量元素或内部存在结构变形所致。

　　下面我们就来逐次介绍一下彩钻的颜色及其分级，从而领略它们的独特魅力。

【黄钻】

Graff 黄钻戒指（艳彩橙黄
fancy vivid orangish-yellow）

　　钻石中色调鲜明的黄色系列彩钻被称为黄钻，其颜色由钻石内部所含的微量氮元素所致。黄钻包括纯正的黄色、橙黄色、酒黄色、绿黄色、琥珀色等。所有的彩色钻石中，黄钻最为常见，价值比无色透明钻石高。纯正的黄钻颜色等级从高到低依次为：艳彩黄 (fancy vivid yellow)、深彩黄 (fancy deep yellow)、浓彩黄 (fancy intense yellow)、暗彩黄（fancy dark yellow）、彩黄 (fancy yellow)、淡彩黄 (fancy light yellow)、浅黄 (light yellow)、微浅黄（very light yellow）、微黄 (fait yellow)。

【绿钻】

　　绿钻也是彩钻中的主要品种之一，其颜色与自然辐射产生色心以及所含微量氮元素有关。钻石中的绿色色调变化不一，一颗绿钻中往往绿色的深浅浓淡也不同。纯正的绿钻颜色等级为：艳彩绿 (fancy vivid green)、深彩绿 (fancy deep green)、浓彩绿 (fancy intense green)、暗彩绿（fancy dark green）、彩绿 (fancy green)、淡彩绿 (fancy light green)、浅绿 (light green)、微浅绿（very light green）、微绿 (fait green)。

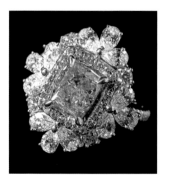

Graff 枕形绿钻戒指
（深彩绿 fancy deep green）

【蓝钻】

如大海般深沉湛蓝的蓝钻常常价值不菲，它的稀有度仅次于红钻。由于钻石中含有微量的硼元素而呈蓝色。蓝钻偏灰色的居多，因此具有鲜明纯正的蓝、天蓝、深蓝色的钻石非常稀有，极其昂贵。纯正蓝钻的颜色可分为：艳彩蓝 (fancy vivid blue)、深彩蓝 (fancy deep blue)、浓彩蓝 (fancy intense blue)、暗彩蓝（fancy dark blue）、彩蓝 (fancy blue)、淡彩蓝 (fancy light blue)、浅蓝 (light blue)、微浅蓝（very light blue）、微蓝 (fait blue)。

蓝钻戒指（深彩蓝 fancy deep blue）

【粉钻 & 红钻】

长期以来，粉钻都被行家视为珍品，红钻更是难得，一经出现便会成为各大拍卖行争相竞价的宠儿。有学者认为，粉钻和红钻的颜色可能与晶体内部的塑性变形有关。浪漫娇艳的粉钻近年一直受到藏家的追捧，粉钻根据色调的不同可以分成三个区间：浅紫色调的粉色——粉色——桔黄色调的粉色。纯正的粉钻颜色等级分为：艳彩粉 (fancy vivid pink)、深彩粉 (fancy deep pink)、浓彩粉 (fancy intense pink)、暗彩粉（fancy dark pink）、彩粉 (fancy pink)、淡彩粉 (fancy light pink)、浅粉 (light pink)、微浅粉（very light pink）、微粉 (fait pink)。

粉钻戒指（艳彩紫粉 fancy vivid purplish-pink）

"乱花渐欲迷人眼，浅草才能没马蹄。"看着这些娇艳欲滴的彩钻，如春日流连在山间溪畔，欣赏着盛开的花朵一般，让人心旷神怡。可以刚硬坚强得像个壮汉，亦可以艳丽袅娜得像个少女；能够耀眼闪烁得像个明星，也能够沉静端庄得像个贵族。不知介绍到这里，您是否也对彩钻怦然心动了呢？

希望慧眼不仅能看清世间的纷扰，将那病垢也看的彻彻底底。

借我借我一双慧眼吧
—— 钻石证书解读

文 / 图：李 肇

　　以铜为鉴，可正衣冠；以证为鉴，可辨钻石。长久以来，钻石作为宝石之王，以其独特的魅力，令诸多消费者心驰神往。它不仅是 4 月生辰石，还是结婚 60 周年的纪念石，被视为永恒爱情的象征。钻石证书犹如钻石的身份证，是消费者购买钻石时的一个有力保障。由权威机构出具的证书会忠实地记录所鉴定钻石的品质。尽管钻石分级在世界范围内有着较为统一的标准，但消费者在购买钻石时会发现，各珠宝检测站、检测中心出具的证书，从形式到内容仍然存在着一定的差异。抛开雾里看花，拒绝水中望月，今天就由小编带您认识并解读市场上主要的几种钻石证书。

【钻石证书】

钻石证书是以 4C 标准为基础，由钻石分级师在特定的环境下，依据严格的分级标准仔细观察和检测而出具的。目前比较权威的钻石证书主要有国外的美国宝石学院 GIA、国际宝石学协会 IGI、比利时钻石高层议会 HRD 以及国内的国家珠宝玉石质量监督检验中心 NGTC 证书。

GIA 证书、HRD 证书

钻石的 4C 标准是指对钻石颜色（Color）、净度（Clarity）、切工（Cut）、克拉重量（Carat）的评价。颜色分级主要是对无色—浅黄系列钻石进行分级，一些机构还对彩色钻石进行颜色分级。净度分级是指对钻石内外部特征缺陷进行评价。切工分级是对钻石切工比例、对称性及抛光质量的分级评价。克拉重量影响钻石的价值，也将其纳入分级体系中。不同的珠宝机构以 4C 标准为理论基础各自发展了不同的分级体系。

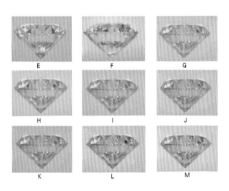

钻石颜色分级

● **颜色**

钻石有多种天然颜色，从珍贵的无色（切磨后白色），罕见的粉红、浅蓝到常见的微黄不等。无色—浅黄系列的钻石颜色分为 11 个级别，最白的钻石定为 D 级

（即从 Diamond 的第一个字母开始），依次分别为：D、E、F、G、H、I、J、K、L、M、N。

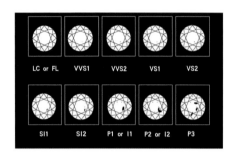

钻石净度分级

- **净度**

通常用 10 倍放大镜对钻石的内部和外表进行观察，将钻石的净度级别细分为：LC、VVS1、VVS2、VS1、VS2、SI1、SI2、P1、P2、P3。

- **切工**

切工分级是指通过测量和观察，从比率和修饰度两个方面对钻石加工的工艺完美性进行等级划分。只有经过精良的切割，钻石才能充分地展示其美丽的颜色、亮度和火彩。

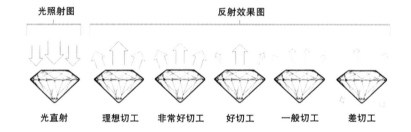

钻石切工分级

- **克拉重量**

克拉重量对评价钻石的价值具有很重要的意义，在颜色、净度、切工相同的情况下，钻石的价值会因克拉重量的增大而上升。

【GIA 证书】

GIA（美国宝石学院）不仅是美国第一所宝石学校，还是目前国际上公认的权威鉴定机构之一。它创立了全球通用的 4C 标准和国际钻石分级系统，并且向消费者提供公正的钻石鉴定信息，赢得全球信赖。GIA 的钻石证书分为 3 类：GIA 大证（GIA

Diamond Grading Report）、GIA 小 证（GIA Diamond Dossier）以及专门针对彩色钻石出具的 GIA 证书（GIA Colored Diamond Grading Report）。

● GIA 大证

GIA 大证是一份详细的钻石参数报告，附有详细的钻石净度放大素描图和钻石切工比例侧视图。

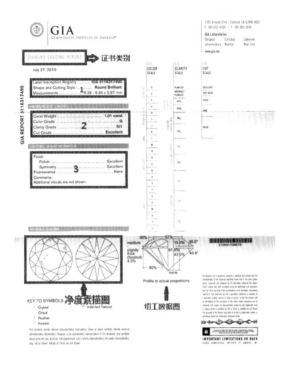

GIA 大证（GIA Diamond Grading Report）

1.Laster Inscription Registry：激光编码

Shape and Cutting Style：形状与琢型

Measurements：尺寸

2.Carat Weight：克拉重量

Color Grade：颜色等级，由高到低分为 D-N 个 11 等级。

Clarity Grade：净度等级，由高到低分为：FL（无瑕）、IF（内部无瑕）、VVS1-VVS2（极微瑕疵）、VS1-VS2（微瑕疵）、SI1-SI2（瑕疵）、I1-I2-I3（重瑕疵）。

Cut Grade：切工等级，分为 EXCELLENT（完美）、VERY GOOD（很好）、GOOD（好）、FAIR（尚可）、POOR（差）。

3.Finish：修饰度　　　　Polish：抛光　　　　　Symmetry：对称性

Clarity Characteristics：包裹体特征　　　　Fluorescence：荧光，分为 NONE（没有）、FAINT（微弱）、MEDIUM（中等）、STRONG（强烈）、VERY STONG（很强）。对无色 - 浅黄系列钻石而言，荧光强度越低越好。

● **GIA 小证**

GIA 小证通常是针对 1 克拉以下的小钻石而出具的证书，与大证不同的是，小证上缺少了钻石净度素描图，且钻石都会在腰部打上激光编码。

GIA 小证（GIA Diamond Dossier）

● **GIA 彩钻证书**

GIA 提供两种彩色钻石分级报告书："GIA 彩色钻石分级证书"和"GIA 彩色钻石鉴定和来源证书"。GIA 彩色钻石分级证书内容包括克拉重量、切工、净度、颜色来源和颜色评定；GIA 彩色钻石鉴定和来源证书只包括颜色来源（Origin）和颜色评定，以及形状、尺寸和重量。

● **颜色等级（Grade）** 包括颜色浓度（彩钻的颜色浓度与钻石体色）和颜色分布（Distribution）。

● **颜色浓度** Faint（微）、Very light（微浅）、Light（浅）、Fancy light（淡彩）、Fancy（中彩）、Fancy dark（暗彩）、Fancy intense（浓彩）、Fancy deep（深彩）、Fancy vivid（艳彩）。颜色越浓，价值越高。另外，人工改色的钻石不出具颜色分级报告。

【IGI 证书】

IGI（国际宝石学协会）成立于比利时的安特卫普，是目前世界上最大的独立珠宝首饰鉴定实验室。IGI 证书做工精良，提供的信息细致直观，把钻石腰部的激光刻字拍成照片印在证书上，并提供八心八箭的暗室照片，便于消费者辨认、核对所购买的钻石。

IGI 开创推广了 3EX 切工评价体系，对钻石切工信息的描述较为精准。

Number：证书的编号，与每颗钻石的腰部激光刻字相对应。

Description：钻石描述。

Shape and Cut：形状与琢型。

Carat Weight：克拉重量。

Clarity Grade：净度等级，右边是与之对应的钻石净度素描图。

Color Grade：颜色等级，由字母 D 到 Z，颜色逐渐偏黄。

GIA 彩色钻石分级证书

Cut Grade：切工等级，分为 Excellent、Very Good、Good、Fair、Poor 五个等级。

Polish、Symmetry：钻石的抛光度、对称度，与切工同样分五个等级。

Measurements：钻石的大小，钻石的直径 × 高度，直径包括最大直径和最小直径。

Table Diameter：台宽比，台面宽度占直径的比例。

Crown Height：冠高比，冠部高度占直径的比例。

Pavilion Depth：亭深比，亭部深度占直径的比例。

Girdle Thickness：腰部厚度。

Total Depth：全深比，钻石高度和直径的比例。

Culet：钻石底尖的情况，包括 pointed（收尖）、medium（中等底尖）、large（大底尖）、chopped（破损底尖）。

Fluorescence：钻石的荧光效应。

GIA 彩色钻石分级证书

Comments：注释，列出和钻石品质相关的信息，如钻石腰部的激光刻字，八心八箭钻石，是否经过人工优化处理等。

【HRD Antwerp 证书】

HRD Antwerp（比利时钻石高层议会）采用的分级体系是国际钻石理事会（IDC）的钻石分级制度。HRD Antwerp 实验室是全球设备最齐全、技术手段较为先进的钻石实验室之一，由 HRD Antwerp 出具的钻石鉴定证书是质量和权威的保证。

HRD 钻石证书是针对市场常见的无色—浅黄系列的钻石出具的钻石分级证书。除了描述钻石的 4C 特征外，还特别对钻石的切割比率做了详细的测量报告，如台面 (Table)、腰围厚度 (Thin)、冠部高度 (Cr.Height) 及底部深度（Pavilion-Depth），这样使得消费者更易察觉钻石及证书的真伪。HRD 证书使用较多描述性语言，钻石颜色是用如 "WHITE" "SLIGHTLY TINTED WHITE" 等短语，且 N 以下色级就不再区分。

HRD 彩钻鉴定证书是专门针对彩色钻石出具的鉴定证书，重点在于描述彩色钻石的颜色等级和天然性。

另外，HRD Antwerp 针对目前市场上的需求推出了处理钻石鉴定证书，对一些经过人为处理的钻石进行描述（如高温高压 HPHT 改色及激光打孔）。

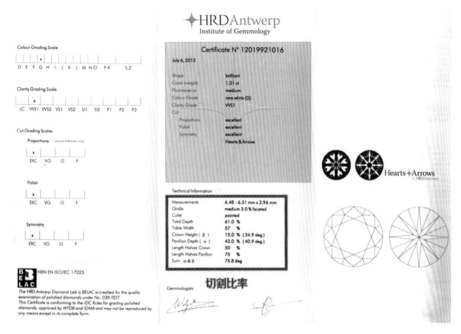

HRD 证书

【NGTC 证书】

NGTC(国家珠宝玉石质量监督检验中心) 是由国家有关主管部门依法授权的国家级珠宝玉石专业质检机构，是中国珠宝玉石检测方面的权威，依据国家标准 GB/T16554《钻石分级》对裸钻与镶嵌钻石进行分级。

●**颜色级别** 将无色—浅黄系列钻石分为 12 个色级，D，E，F，G，H，I，J，K，L，M，N，<N。

●**净度分级** 共划为 5 个大级、11 个小级，LC（FL、IF)、VVS(VVS1、VVS2)、VS(VS1、VS2)、SI(SI1、SI2)、P(P1、P2、P3)。

●**切工分级** 从比率、修饰度 (抛光和对称性) 两个方面进行等级划分, 均分为极好、很好、好、一般、差五个级别。

●**荧光强度等级** 划为 4 个级别、强、中、弱、无。

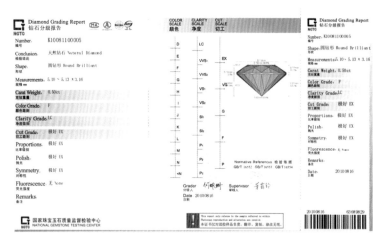

NGTC 国检证书

　　不同机构出具的证书各具特色：GIA 作为 4C 分级标准的制定者，出具的证书较为权威客观；IGI 证书对于切工信息的描述较为精准；HRD 对于彩色钻石颜色等级和天然性的鉴定独具特色；NGTC 除了对裸钻进行分级鉴定外还对镶嵌好的钻石提供鉴定，对于切工分级的表述明确，通俗易懂。另外，钻石证书都采用严格的防伪手段，每一张证书上都有各机构的防伪标记，网站的证书号码查询也可以证明证书的真伪。

　　春日迟迟，卉木萋萋。闲话间，三言两语，不知您是否已经练就"慧眼"。了解各种不同的证书，并通过证书找到您心仪的钻石。众里寻钻千百度，蓦然回首，那钻却在灯火阑珊处。火眼金睛是何故，只因咱会读证书。

嫦娥剪的绿罗带摇曳潇洒，映的人脸春意盎然，那其实是祖母绿给我们的欢喜。

睎颜欲进圣门科，何意嫦娥剪绿罗
——5月生辰石：祖母绿

文 / 图：陈泽津

上穷碧落，苍翠欲滴——作为五大名贵宝石之一的祖母绿，是生机盎然的五月的生辰石，结婚 55 周年信物，象征着春意盎然、生机勃发、平安与幸福，也因它的雍容华贵、色彩纯正，被誉为"绿色宝石之王"。无论白天夜晚，无论晴天阴天，它那一抹绿都是其他宝石不可比拟的。

【传说与起源】

《圣经》曾提到祖母绿，其中所罗门歌称"耶路撒冷的妇儿们，这是我的所爱，

Chaumet Paris 祖母绿王冠

这是我的朋友！他的双手如同祖母绿装饰的金环"。相传耶稣最后晚餐时所用的圣杯就是用祖母绿雕制成的。在古希腊，祖母绿是献给希腊神话中爱和美的女神维纳斯的高贵珍宝，几千年前的古埃及和古希腊人也喜用祖母绿做首饰。中国人对祖母绿也十分喜爱，明、清两代帝王尤喜祖母绿，有"礼冠需猫睛、祖母绿"之说。

很多年轻人因为祖母绿的名字里有"祖母"二字，对其望而却步。其实不然，祖母绿其名称源自波斯语 Zumurud，意为"绿宝石"，逐渐演化成拉丁语 Smaragdus，而后英文拼写为 Emerald，汉语名称是波斯语的音译。

古代人认为祖母绿具有增强人们品性的奇异性能，持有祖母绿的人将具有超自然的预言未来的能力，并能增强记忆和雄辩能力，使持有者才思敏捷，更加忠诚，并能防止病灾。更有古人深信祖母绿能使浪费的人变得节俭，从而使他们更为富裕。

祖母绿是绿柱石家族最高贵的一员，与弟弟海蓝宝石、妹妹摩根石等构成了多彩的大家庭。现存世界上最大的雕刻祖母绿是神秘高贵的印度莫卧尔王朝时期的哥伦比亚祖母绿，重达 217.8 克拉，收藏于卡塔尔国家博物馆。哥伦比亚是久负盛名的优质祖母绿的主要产地，除此之外，俄罗斯、巴西、印度、坦桑尼亚、赞比亚等地也有祖母绿的产出。

【红毯与明星】

祖母绿碧绿澄澈的色调令很多明星对它情有独钟。祖母绿高贵典雅的气质亦使得它成为明星红毯上的常客。

伊丽莎白·泰勒，身为一代珠宝女王，她的一套祖母绿珠宝上镜无数，均是世界上最知名的祖母绿珠宝。

安吉丽娜·茱莉可谓是祖母绿最忠实的粉丝，各大颁奖礼上的她都喜欢选择最简洁的衣物搭配祖母绿首饰，相得益彰。

莫卧尔王朝时期的
哥伦比亚祖母绿

祖母绿的无穷魅力，使它成为明星、名媛在各大盛典上吸人眼球的法宝。毋庸置疑，在宝石王国里祖母绿便是万人仰慕的天皇巨星。

【评价与鉴定】

● **颜色** 分布要均匀，不带杂质，以纯正的中、深绿色为好（不偏蓝、不偏黄）。

● **净度** 内部杂质、裂隙、瑕疵少，表面无划痕为佳。

切工：必须符合比例，各种加工面要规整，对称度要好。

● **重量** 以克拉计（1克拉等于0.2克），克拉数越大，越珍贵稀有。

【保养与佩戴】

祖母绿与碧玺、红宝石一样属于"十宝九裂"

伊丽莎白·泰勒

的宝石品种，通常都会有裂隙，为使其天然美质得到提升，增加它的价值，对一些裂隙较多的祖母绿用无色油浸注来进行优化，使其完美。这种优化方式亦被商家和消费者所接受。由于祖母绿较脆，怕高温，佩带和保存时要十分注意。另外，由于韧性较差，不可用超声波来清洗祖母绿饰品。

祖母绿是高贵的象征，不应只凭大小来论优劣，而是要持有对高品质祖母绿的向往，这种向往会使您的行为举止更加高贵优雅。与服饰搭配，尽量避免蓝、绿、黄色服饰。与18K白金或铂金搭配，能显雍容、高洁、典雅之气，在服饰选择上余地较大。如佩戴在黑色服饰上显得稳重典雅、光彩夺目；与白色、米色服饰搭配，显得高洁、亮丽。

树绿晚阴合，池凉朝气清。在这春夏交接之际，祖母绿与这自然景色亦交相呼应，无论是漫步在公园，还是疾走在路边，那随风摇曳的枝干上挂的仿佛就是一片一片祖母绿，给人带来的荫凉的同时，让人不由得心神安宁，带来希望。我想也正是这神秘的绿色，使得祖母绿我见犹怜，为世人所追捧和喜爱。

祖母绿戒面

不记来时路，却心托明月，她的眼泪滴入了人间，变成了明珠。

沧海月明珠有泪
——6月生辰石：珍珠

文 / 图：潘 羽

　　珍珠是历史最悠久的珠宝之一，在古代是财富与地位的象征。在欧洲著名的"珍珠时代"，英国王室曾立法规定：除王室外，一般人不得佩戴珍珠。在中国清代，珍珠成为皇家专属珠宝，皇帝佩戴的顶珠就是由珍珠制成。此外，古时中国人喜欢在婚嫁时，以珍珠作礼，表示圆圆满满。

　　英国王妃戴安娜嫁入英国王室后得到的第一份礼物就是珍珠首饰。

　　英国前首相撒切尔夫人特别喜欢珍珠，她认为珍珠是妇女仪态优美的必备珍品。

她戴珍珠十分讲究，有时早上见外宾戴一串珠链，下午见贵客戴二串珠链，晚上见友好人士时戴三串珠链。

珍珠的英文名称为 Pearl，是由拉丁文 Pernulo 演化而来的。珍珠的另一个名字是 Margarite，由古代波斯梵语衍生而来，形象地说明了珍珠的起源——大海之子。

国际珠宝界将珍珠列为六月生辰石。珍珠端庄大方、艳而不媚、华而不俗，是谦逊和纯洁的象征，代表着幸福美满的婚姻，是结婚三十周年的纪念石。

英国王妃戴安娜

英国撒切尔夫人

【珍珠的分类】

淡水白色珍珠耳钉

目前市场上的珍珠按照水域主要分为淡水珍珠和海水珍珠（南洋珍珠、大溪地珍珠、日本海水珍珠）。

● **淡水珍珠** 常见颜色有浅黄、白、粉、灰、紫黑等，常见的形状有纽扣形、玉米形、异形、椭圆形等，直径多在 3-12mm 中国淡水珍珠产量占全世界的 80%，每年中国都举办中国（国际）珍珠节。

具有生命的珠宝 Mikimoto 御木本

● **南洋珍珠** 指产于南太平洋海域沿岸国家的海水珍珠，主要产地有澳大利亚、印度尼西亚和菲律宾等地。

因生长在巨大的白蝶贝中，产出大小最大可至 20mm，比其他种类的珍珠个头都大，一般在 10-13mm，超过 15mm 的南洋珍珠稀少而珍贵。

● **大溪地珍珠** Tahitian Pearl，又称塔希提珍珠，产于南太平洋法属波利尼西亚群岛的珊瑚环礁。因占世界

大溪地黑珍珠耳饰

黑珍珠产量的 95% 左右，大溪地珍珠几乎成为黑珍珠的代名词，其体色可从浅法兰绒色到暗灰色，也可呈紫、绿、蓝、褐色，带孔雀，浓紫，海蓝等彩虹色伴色者最受关注。大溪地珍珠直径一般在 8-16mm，14mm 以上的质优者相当珍贵。

● **日本海水珍珠** 又称 Akoya 珍珠，产自日本南部沿海港湾地区，通常大小为 5-8mm，圆形或半圆形，白色、白玫瑰色及金黄色。

【挑出品位来】

每个女人一生中，一定要有一条真正属于自己的珍珠项链。女人因珍珠而优雅。

珍珠评价则看：颜色、大小、光泽、形状、光洁度和珠层厚度。

White　Black　Pink　Golden　Purple

从左到右依次为白色、黑色、粉色、金色和紫色正色珍珠

● **颜色** 淡水珍珠的颜色常见白色、粉色和紫色，而海水珍珠常见白色、灰色、金色以及黑色。多种体色挑你所爱，色正为上。

● **大小** 珍珠由在贝、蚌的体内自然形成而大小不一，"七分为珠，八分为宝"。一般 6 毫米以下的珍珠不被列入珠宝级珍珠的范畴，7-9mm 为消费者所普遍喜爱，10mm 的珍珠已经难得，11mm 以上的则只有南洋珍珠和黑珍珠了，13mm 以上可谓罕见。单粒珍珠，珠径越大，价值越高。江、河生长的蚌中产出的淡水珍珠，8mm 以上的圆珠仅占产量的 1%。与之相对，海水珍珠可见 11mm 以上的圆珠。

● **光泽** 光泽就是珍珠的灵魂，无光、少光的珍珠就缺少了灵气。挑选珍珠项链时，将珍珠项链平放在洁白的软布上，优质珍珠表皮映像可以看到人的倒影。同等级别的珍珠，海水珍珠光泽要比淡水珍珠光泽亮丽。

● **形状** 又称圆度，珠圆玉润，珍珠越圆价值越高。一般海水珠的圆度要比淡水珍珠的圆

Very High　High　Medium　Low

从左到右，光泽依次减弱

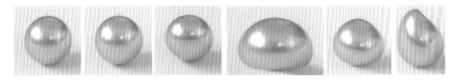

从左到右，由正圆到随形

度好。淡水珍珠项链在市面最为普遍，但凡扁圆、椭圆的珍珠项链都比较便宜，近圆者价格稍高，正圆珍珠项链则具有较高的价值。

● **光洁度** 由于珍珠的生长环境各异，珍珠表面一般会有螺纹、斑、印、坑、点。这些瑕疵的大小、颜色、位置以及多少决定了珍珠的光洁度。珍珠瑕疵越少，价值也越高。一

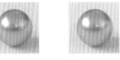

从左到右，瑕疵逐渐明显

串珍珠项链不可能每一颗都那么完美无瑕，一般在 0.5 米远处看不到瑕疵即可。

● **珠层厚度** 海水珍珠具有呈同心层状或同心层放射状的珍珠层，其厚度为珠核外层到珍珠表面的垂直距离，越厚则价值越高。

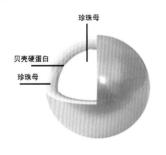

珠层结构

浩瀚烟波里，我怀念，怀念往年。外貌早改变，处境都变，情怀未变。春赏百花，秋吟月，夏抚凉风，冬听雪。如果说钻石是姑娘最好的朋友，那么珍珠，则为女人的高贵完美而打造，精致与优雅，即使跨越岁月也不曾蒙尘。

想不想去看看上古，搭上时光机，冒一次人生的险。

上古奇珍，时光之宝
——揭秘猛犸象牙

文 / 图：许 彦

象牙是一种名贵的材料，在古代用于制作牙雕、假牙、扇子、席子、骰子等。以象牙雕刻的工艺品虽然多为小器，却是我国古代工艺美术宝库中的一个重要门类，具有悠久的历史。故宫博物院收藏的万余件牙雕器物绝大多数是明清两代皇家收藏的作品。这些作品可分为两大类：一类是实用器，一类是陈设品。它们精微工巧，反映了时代的风尚和审美取向，是我国民族文化中珍贵的遗产。象牙近代多用来制作装饰品或用具，如牙雕、台球、骰子、钢琴键、麻将、扣子等。目前，由于大象数量锐减，出于环保的考虑，象牙贸易在国际范围内被禁止。

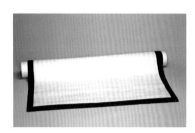

编织象牙席（清代）

然而，随着近年来珠宝市场如火如荼，珠宝新品种层出不穷，一种被称为"猛犸象牙"的宝石品种，渐渐走进人们的视野，受到越来越多消费者的关注。猛犸象牙一经出现，便引起热议，留下了诸多疑问，下面我们将为您一一解答。

【Question 1：猛犸象牙是象牙吗？】

猛犸象牙，英文名称 fossil ivory ，是猛犸象的长牙。猛犸象是象的一种，猛犸象牙当然也是象牙的一种。但是现在人们常说的"象牙"是狭义的象牙，指的是现代大象的长牙，包括亚洲象和非洲象的象牙，所以猛犸象牙≠现代象牙。

【Question 2：为什么猛犸象牙可以合法交易流通？】

猛犸象是个远古的真实存在，生活在距今4万－1.2万年之间，也就是说猛犸象早已灭绝，不是濒危物种，交易流通是不受法律法规限制的，如同宝石矿物般被开采出来，没有杀害，可以买卖。

中国工艺美术大师张民辉创作的四十层猛犸牙球《吉星高照》

【Question3：作为宝石，猛犸象牙有什么特点呢？】

皮色多样，肉质洁白细腻。在已发现的猛犸象牙中，约有15%是可用于珠宝首饰的优质象牙。猛犸象牙硬度不高，但韧性很好，非常适合用于雕刻，雕刻技艺可以做到细如毫发，令人叹为观止。

【Question 4：猛犸象牙是化石吗？】

猛犸象生活在冰河时期，时过境迁，它们的遗骸大多保存在西伯利亚和阿拉斯加等地的冻土层中。所以，目前猛犸象牙的主要来源就是西伯利亚的冰冻层。目前发现的部分猛犸象牙有石化的现象，而用于首饰或雕刻的通常是没有石化的牙料。在此附上两个名词解释：

猛犸象牙原料

● "冰牙"在冰原或者高寒冻土里保存的猛犸象牙，结构紧密，质地细腻，裂纹较少。

猛犸象牙（冰牙）镯子

● "土牙"保存温度较高，经过长年累月的腐蚀，结构被破坏，质地疏松，用手轻轻一捏就变得粉碎，无法用于首饰或者雕刻。

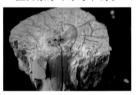

猛犸象牙（土牙）原料

【Question 5：猛犸象到底长什么样？】

猛犸象，又叫长毛象，或者毛象，顾名思义，全身长有棕色或黑色的长毛，体型巨大，曾经是世界上最大的象之一，比现代大象还要巨大一些。猛犸象虽然体型庞大，但也是食草动物哦！

您的印象中，猛犸象是长这样？还是长这样？其实，它是长这样。

【Question 6: 猛犸象都在哪里出现过? 】

猛犸象足迹几乎踏遍了北半球的北方地区，俄罗斯西伯利亚、美国阿拉斯加、欧洲、中国北部，而如今俄罗斯东部的雅库特自治共和国（Yakutia）成为了优质猛犸象牙的的主要产地。

西伯利亚冰原出土的小猛犸象 "Yuka"

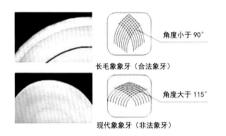

角度小于90°

长毛象象牙（合法象牙）

角度大于115°

现代象象牙（非法象牙）

横截面勒兹纹的不同角度夹角

【Question 7: 猛犸象牙和现代象牙如何区分? 】

猛犸象和现代的亚洲象、非洲象同宗同源，它们的牙非常相似，但是区分起来也有迹可循：

1. 整牙外形上有区别——猛犸象牙比大象象牙更为卷曲。

2. 有别于现代象牙，猛犸象牙有深色牙皮。

3. 横截面上勒兹纹的夹角角度不同（勒兹纹具体表现为由两组呈十字交叉状纹理线）：现代象牙横截面上勒兹纹以大于 115° 或小于 65° 角相交组成菱形图案，而猛犸象牙勒兹纹夹角约为 90° 或小于 90° 。

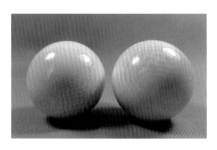

仿制品纹路

【Question 8: 猛犸象牙有投资价值吗? 】

猛犸象牙质地细腻温润，古朴高远，而且是不可再生资源，只有存量没有产量，具备宝石的特征，是合法流通的"象牙"，目前了解其价值的人并不多，市场正在扩大，而且俄罗斯已经限制猛犸象牙的出口，尤其是整牙的出口。

【Question 9：如何选购猛犸象牙？】

通常消费者选购牙制品时会挑选白度高、润度好的产品，但是除了米白色外，质地细腻致密的咖啡色猛犸象牙也广受青睐，并有"冰咖啡""金棕"之称。留皮的猛犸牙雕独具特色，其中蓝皮者产量较为稀少。

【Question 10：如何保养猛犸象牙？】

何雪梅老师参观猛犸象牙加工厂

猛犸象牙属有机宝石，保养时要多加注意，保养不当可能出现干裂的现象。由于象牙生长结构的缘故，象牙开裂常成弯月状，称为"牙笑"，俗称"开口笑"，自古以来就有"十牙九笑"的说法。保养时应注意：

● 不要长时间置于温度较高、日光暴晒或灯光炙烤的地方；

● 最好多佩戴把玩，如不经常佩戴或把玩，存放环境应尽可能保持湿润（湿度40%），远离风口或用密封袋密封保存；

猛犸象牙雕刻品

● 柜里保存时一般在旁边敞口放上一杯水；

● 勿将易掉色材质与猛犸象牙放在一起；

● 猛犸象牙怕酸碱腐蚀，遇水应及时擦干；

● 猛犸象牙不建议用油保养，如果脏了可以用干净的软布轻轻擦拭。

折戟沉沙铁未销，自将磨洗认前朝。猛犸象牙，既是远古的遗物，亦是自然的馈赠。如今，猛犸象虽已离我们远去，猛犸象牙却被现代人所采撷，经过雕琢、打磨，盛开在人们的颈间、腕上。

没有买卖就没有杀害，保护大象，选择猛犸象牙！

七月的傍晚，闷热中透着一丝凉风，蔷薇花摇曳着腰肢，刹那，仿佛发出了红宝石般的光芒。

留得蔷薇捐晓风
——7月生辰石：红宝石

文 / 图：陈泽津

红宝石的英文名 Ruby，它炙热的红色使人们总把它和热情、爱情联系在一起，被誉为"爱情之石"，象征着热情似火，爱情的美好、永恒和坚贞。因此，红宝石不仅是七月的生辰石，同时也是结婚 40 周年的纪念石。

在圣经旧约"出埃及记"中，就详细记载了听从耶和华晓谕而制出的圣袍及胸牌，该胸牌呈方形，共四份三排，代表 12 支派的 12 种宝石，第一种就是红宝石，可见其地位的重要。由于红宝石充盈着一股强烈的生机和浓艳的色彩，以前人们认为它是不死鸟的化身，对其产生了热烈的幻想。传说左手戴一枚红宝石戒指或左胸戴一枚红宝石胸针就有化敌为友的魔力。

红宝石中，最具价值的是颜色最浓艳被称为"鸽血红（Pigeon Blood）"的红宝石。这种鲜艳强烈的色彩，将红宝石的美丽展露无余。遗憾的是大部分红宝石颜色非浓即淡，并且多有橙红、紫红、粉红的色调，因此带有鸽血色调的红宝石就更显珍贵。此外，红宝石还有一些特殊品种：

"鸽血红"红宝石

● 星光红宝石（Star Ruby） 当红宝石内部含有密集平行排列的三组针状包裹体（互成60°角相交），被加工成弧面宝石时，在聚光光源的照射下，弧面上可见六射星光，被称为星光红宝石。

星光红宝石戒指

● 达碧兹红宝石（Trapiche Ruby） 透明—不透明的红宝石被六条不透明不会移动的黄色、白色或黑色星线分割成六瓣，因其形状似以前西班牙人用来压榨甘蔗的磨轮，故以此为名。

顶级的红宝石比普通钻石更珍稀，有着无与伦比的魅力和历久弥新的品质。正是由于其珍贵，在很久很久

达碧兹红宝石

以前，红宝石便作为权力和财富的象征，展开了一段与名士、王公贵族纠结千年的历史。

● 卡门·露西娅红宝石 这是世界上最具凄美爱情故事的红宝石。重23.1克拉的"卡门·露西娅"，是世界上屈指可数的巨型红宝石，镶嵌在一个由碎钻做点缀的白金戒指上。透过这颗深红色的宝石向其内里看去，宛若烟花一般的绚烂光彩，经过棱角的折射后熠熠生辉。

卡门·露西娅本是一个幸福的女人，她酷爱红宝石。2002年她第一次听说了这颗红宝石时，就十分向往，希望有机会能谋得一面之缘。但是病魔很快夺去了她的生命——

2003 年她死于癌症，终年 52 岁。虽然卡门·露西娅生前并没有拥有这颗红宝石，但是挚爱她的丈夫皮特·巴克完成了她的遗愿，他捐出一大笔钱给斯密逊博物馆用以收购和展出这枚红宝石，并且以妻子的名字命名该宝石，作为永远的怀念。

卡门·露西娅红宝石戒指

● **格拉夫红宝石** 这颗重 8.62 克拉的红宝石以 3,600,000 美元的价格被伦敦珠宝商劳伦斯·格拉夫拍得，平均单克拉价格高达 425,000 美元，创下 2006 年佳士得拍卖纪录。这颗破纪录的红宝石被称为理想的"鸽血红"，得到瑞士宝石研究基金会宝石学院（SSEF）实验室的品质认证，并且证明没有加热过的迹象。该红宝石颜色艳丽夺目，切工精湛，拍得者格拉夫也表示这是他见过最完美的红宝石，并将其命名为"格拉夫红宝石"。

格拉夫红宝石

● **德朗星光红宝石** 该星光红宝石总重 100.32 克拉，圆形弧面切割，20 世纪初在缅甸发现并被开采。马丁·埃尔曼将这枚星光红宝石以 21,400 美元的价格卖给伊迪丝·哈金·德朗，德朗先生在 1937 年将这枚巨大的星光红宝石捐赠给了位于美国纽约的自然历史博物馆。值得一提的是，这枚名贵的红宝石曾与其他珍贵宝石被一个声名狼藉的珠宝大盗杰克·罗兰·墨菲偷走，经过谈判协商，杰克·罗兰·墨菲得到了 25,000 美元的赎金，之后，该宝石被放置于佛罗里达州的一个电话亭旁边，失而复得，更增加了德朗星光红宝石的传奇色彩。

● **罗克斯堡红宝石套装** 这是 19 世纪罗克斯堡公爵夫人的心爱之物，包括一条项链以及配套

德朗星光红宝石

罗克斯堡红宝石套装

温莎公爵红宝石项链

伊丽莎白二世的红宝石

耳环，其中项链制于 1884 年，以 24 枚红宝石和 24 枚钻石镶嵌而成。首饰套装最终以 576 万美元成交，创当时红宝石首饰套装最高成交价。

● **温莎公爵红宝石项链** 1936 年，英国国王爱德华八世将一条缅甸红宝石项链送给他的情人威丽丝·辛普森，祝贺其 40 岁生辰，同年，爱德华八世退位，改封温莎公爵，该项链就是温莎公爵红宝石项链。温莎公爵和夫人用余生诠释了那抹红色里的激情，留下了一段"不爱江山爱美人"的动人传奇。这一刻，红宝石是刻在心中的恋恋爱意。

● **伊丽莎白二世的红宝石** 在欧洲，红宝石更多时候被用来装饰王冠，代表着无上忠诚，是皇家尊严的象征。英国女王伊丽莎白二世与菲利普亲王大婚时，众多亲友送来大批珠宝庆贺，而新娘的母亲伊丽莎白王后则选择了一套红宝石王冠和项链，作为送给女儿的出嫁礼物。这一刻，红宝石是母亲对女儿的宠爱，是流淌在血液中的浓浓亲情。

德托比伯爵夫人红宝石半月型王冠

● **德托比伯爵夫人红宝石半月型王冠** 俄罗斯圣彼得堡的埃尔米塔日博物馆曾展出罗曼洛夫王朝一顶珍贵王冠——德托比伯爵夫人红宝石半月型王冠。王冠的女主人不是别人，正是俄国著名大诗人普希金的孙女索菲亚。1891 年，这顶令人期待已久的纯金王冠终于揭开了神秘的面纱，它呈流畅的半月型，镶嵌有 822 颗钻石和 72 颗红宝石，在灯光的映照下璀璨夺目，令人叹为观止。最独特的是，王冠的其中一部分还可以巧妙地拆卸下来，用作胸针和头簪。

而今，在绚烂夺目的珠宝市场中，各大珠宝品牌均闪耀着红宝石的身影。

人们钟爱红宝石，把它看成爱情、热情和品德高尚的代表，光辉的象征。在欧洲，王室的婚庆上，依然将红宝石作为婚姻的见证。据说男人拥有红宝石，就能掌握梦寐以求的权力，女人拥有红宝石，就能得到永世不变的爱情，从中我们不难看出人们对红宝石的向往。贵妃得酒沁红色，更着领巾龙脑香。戴上高贵典雅的红宝石，穿过别人羡慕的目光，走进炽热的 7 月。

柔嫩的枝芽散发着初夏的清新，摇曳的花朵绽放着盛夏的浪漫，身边的五彩泡泡透着幸福的光晕，葡萄石般的晶莹。

柔嫩新绿如初春，绿阴幽草胜花时
——8月生辰石：橄榄石

文 / 图：李佳 鲁智云

炎炎夏日，绿色宝石大放光彩。绿色家族的橄榄石，因为其颜色清新、价格亲民，颇受人们的喜爱。然而橄榄石的身世、种类、鉴别、欣赏与选购您又了解多少呢？请倾听我们对橄榄石的描述与讲解吧。

橄榄石的英文名称是 Peridot，其化学成份为 $(Mg，Fe)_2[SiO_4]$，因其颜色多为橄榄绿色而得名。橄榄石的颜色艳丽平和，结合了代表高贵的黄色与代表希望的绿色，能够平复紧张焦躁郁闷的心理，给人心情舒畅和幸福的感觉。橄榄石也是狮子座的诞生石及公历八月份的生辰幸运石，象征着和平、幸福和安详。

【橄榄石历史】

相传 3500 年前，橄榄石发现于古埃及领土圣约翰岛，当时人们相信橄榄石拥有太阳般的力量，可以驱除邪恶，去除人们对黑夜的恐惧，故称橄榄石为"太阳的宝石"。那时部族之间常以互赠橄榄石表示友好。很多历史学家认为埃及皇后克丽奥佩特拉七世佩戴的那些"祖母绿"中有一部分应当是橄榄石；在耶路撒冷的一些神庙里至今还有几千年前镶嵌的橄榄石。

【橄榄石分类】

宝石级橄榄石按照色调的不同可以分为浓黄绿色橄榄石、金黄绿色橄榄石、黄绿色橄榄石、浓绿色橄榄石（也称黄昏祖母绿或西方祖母绿、月见草祖母绿）和天宝石（产于陨石中，十分罕见，即石铁陨石中的铁镍合金包裹着透明的大晶体橄榄石）。

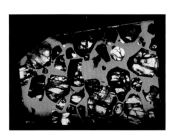

经过抛光的石铁陨石切片
（透明部分为橄榄石——天宝石，
金属色部位为铁镍合金）

【橄榄石之最】

大颗粒的橄榄石并不多见，一般多在 3 克拉以

"华北之星"橄榄石

下，3 - 10 克拉的橄榄石比较少见，因而价格较高，超过 10 克拉的橄榄石则属罕见。

世界上最大的一颗宝石级橄榄石产于红海的扎巴贾德岛，重 319 克拉，现存于美国华盛顿史密斯博物馆。中国最大颗的橄榄石产于河北省张家口万全县大麻坪，重量 236.5 克拉，被称为"华北之星"。

最漂亮的一块切磨好的橄榄石重 192.75 克拉，曾属于俄国沙皇，现存于莫斯科的钻石宝库里。

2011 年 9 月，国家首饰质量监督检验中心曾检测出一颗重达 36.38 克拉的四射星光橄榄石，超过之前报道的世界上最大的 26.8 克拉的四射十字星光橄榄石。

伦敦的地质博物馆有一颗 146 克拉、正方形祖母绿型切割的深绿色橄榄石，它来自 Zeberget（后被称作圣约翰岛，距埃及的红海沿岸约 50 英里）。

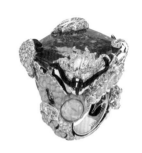

正方形祖母绿型切割橄榄石

【橄榄石的肉眼鉴别】

橄榄石具有独特的黄绿色，人们可以从颜色上进行识别。未经过切割的橄榄石原始晶体呈短柱状，边缘夹角呈锐角（橄榄石是斜方晶系）。然而，由于橄榄石性脆，很少有完好的晶形存在，实际晶体往往呈碎块状产出。切割成刻面或者弧面的橄榄石则可以通过放大检查橄榄石内部的特征进行鉴别。

橄榄石晶体边缘夹角呈锐角

【橄榄石放大检查】

在 10 倍放大镜下观察橄榄石内部，会经常看到睡莲叶状特征包裹体。该睡莲叶状包裹体的中心是由铬铁矿或者铬尖晶石的小突起组成，周围的小气泡形成睡莲叶的经络，外围的应力圈形成睡莲叶的小边缘。读到这里，你是不是觉得很神奇？告诉你吧，睡莲叶状包裹体可是橄榄石所独有的特征噢！

上四小图：睡莲叶状特征包裹体
下图：睡莲叶

此外，橄榄石还有另外一个很重要的鉴别特征——重影。通常，双折射率较大的宝石都会出现重影，橄榄石具有较大的双折射率值（0.035—0.038），因此能够观察到重影。观察重影的小窍门是，采用放大镜透过台面去观察橄榄石底部刻面的棱线，这样你就会清楚地看到后刻面棱的重影。

Van Cleef & Arpels
Castello 18K 白金镶橄
榄石戒指

Bulgari 高级珠宝系列 18K 黄
金镶嵌钻石、粉红蓝宝石及橄
榄石耳环

【橄榄石的选购】

橄榄石的价格主要取决于其颜色的色调及深浅，其中以中–深绿色为佳，色泽均匀，绿色越纯越好，黄色调增多则价格下降。

除此之外，重量、净度与切工也会不同程度地影响橄榄石的价格。通常，橄榄石原料的裂纹较多，能磨出较大宝石成品戒面的原料较少；同时，含有黑色不透明包裹体的橄榄石也不能用做宝石级的戒面；此外，切工的好坏也是影响价格的一个因素。因此，颜色好、净度高、块度大、优质切工的橄榄石价格也不菲。

【橄榄石首饰赏析】

现今，在绚烂夺目的珠宝市场中，各大珠宝品牌均闪耀着橄榄石的身影。例如 Tiffany 公司上世纪五六十年代的一件镶有橄榄石和绿松石的金质化妆盒，是在椭球形的錾花金胎上镶嵌着黄绿色的橄榄石和淡蓝色的绿松石，整体散发出高贵的光芒。该化妆盒由香港两依藏博物馆藏主冯耀辉

先生捐赠给故宫博物院收藏，2011 年，该化妆在故宫博物院失窃。

人们将橄榄石作为和平、幸福和安详的象征，它柔嫩如初春的新绿，特别受年轻女性的喜爱，伴随着酷热八月的到来，何不挑选一件嫩绿色的橄榄石来清凉一下自己躁热的心境呢？

Lorenz Baumer Bague Gecko 18K 金镶
紫水晶及橄榄石壁虎戒指

就像是低调的贵族，尖晶石的魅力给懂的人欣赏，它的故事才刚刚开始。

低调的王子
——尖晶石

文 / 图: 陈泽津

尖晶石是一种历史久远的宝石，以丰富明亮的色彩、较高的净度而闻名。尖晶石的英文名"Spinel"，至今尚未明确其由来，可能与古希腊语有关，意为"闪闪发光"；也可能来自拉丁语，意为"小的刺"，形容尖晶石八面体似锥状的形态。

【历史传说】

镶嵌于英国国王王冠上的著名红色尖晶石"黑王子红宝石"（Black Prince's Ruby），具有悠久的历史，因其拯救过英王的性命，而被世人所传颂。

这颗著名的红色尖晶石，1367 年首次面世，当时它是西班牙格拉纳达国王的财宝之一。格拉纳达国王死后传到了卡斯蒂利亚国王手中，后来送给了爱德华三世的儿子威尔斯王子 (威尔斯王子被称为黑王子，宝石因此而得名)，1451 年它被镶在了英国国王的王冠上。

据说，在阿金库尔之战中，法国将军奥伦康挥舞战斧砍向英王的头，但战斧刚好被尖晶石挡住，拯救了亨利五世的性命，而更令人惊讶的是，这场几乎没人相信可能打赢的战争，居然也奇迹般获胜了。

黑王子红宝石王冠

在沙俄时代，圣彼得堡东宫内有一座神秘的建筑物，珍藏着大量的皇家珠宝，世人称之为"钻石屋"。其中大皇冠在当时是欧洲最贵重的物品，是用从许多宫廷珠宝饰物上拆取的宝石制成的，是 1762 年为女皇叶卡捷琳娜二世加冕制作的。皇冠高 27．5 厘米，下部周长 64 厘米，皇冠顶部镶着一颗红色的尖晶石，上部为花叶状的十字架，整个皇冠上以黄金和白银镶嵌了数千颗钻石。

叶卡捷琳娜二世大皇冠

安娜·伊凡诺芙娜皇冠由红尖晶石、钻石、红碧玺、金、银制成。此皇冠最出众之处是一颗重 398．72 克拉的红色尖晶石，它是世界上最

大最漂亮的红天鹅绒色尖晶石。1676 年根据阿里赫塞·米克亥罗维奇的命令，俄国特使尼古拉·斯帕菲尔来中国，在北京用 2672 金卢布购买了这块尖晶石。

著名的"大卫之星"，未经任何切磨和加工，自然形成的双晶正好拼凑出一个六芒星的图案，让人不得不叹服造物主的奇思妙想。

安娜·伊凡诺芙娜皇冠

大卫之星

【尖晶石的宝石学性质】

尖晶石的颜色多样，常见的有红色和蓝色，此外还有紫色、橙红色、橙黄色、黑色等，绿色尖晶石最为稀少。尖晶石通常为玻璃光泽至亚金刚光泽，透明至不透明，折射率 1.718，摩氏硬度为 8，相对密度为 3.58-3.61。

此外，尖晶石也可伴有星光效应，甚至还可具有变色效应。

天然的尖晶石内部可见尖晶石、方解石、磷灰石等矿物包裹体、指纹状包裹体、雁行状包裹体和出溶针状包裹体，以及气液充填的孔洞，还有生长带、双晶纹和锆石晕等。

【尖晶石的评价与选购】

Tiffany SCALES 系列蓝色尖晶石手链

尖晶石的颜色、透明度、重量、切工是尖晶石的评价与选购的依据。以鲜红色尖晶石、透明度高、重量大为最佳，其次是紫红、橙红、浅红色和蓝色。因此，颜色纯正、鲜艳，透明度高、切工比例好的刻面型尖晶石为首选。如果是成品首饰，还需考虑配石色彩搭配是否得当，设计是否精美及制作工艺是否精湛。

具有星光效应的尖晶石因稀少而较为贵重。颗粒大且品质好的尖晶石较为稀少，现在超过 5 克拉的高品质尖晶石都是收藏的佳品。历史上超过 100 克拉的尖晶石均被称为世间珍品。

由幕后走到台前，从红宝石的替身变成闪亮的的新星，尖晶石的故事才刚刚开始。"金子总会发光"，美丽无法遮掩——愿君多采撷，此物最相思。

蓝色星光尖晶石

似自然的清凉，若春天的希望，绿色的宝石就像是治疗师治愈着我们疲惫的生活。

珠宝界中爱与生命的化身

—— 生机盎然的绿色宝石

文/图: 张 格

　　绿色，是自然界最常见的色彩，是植物的颜色，在中国文化中也是生命的象征，代表着新生、希望、和平、宁静与自然。绿色与春天有关，象征着青春与朝气。绿色有着丰富的色调，可以带给人不同的心境，例如在颜色盘里，它可以在黄绿色端显得很"温暖"，又可以在蓝绿和碧绿之间显得些许"清凉"，柠檬绿可以让一个设计很"fashion"，橄榄绿则更显安静平和，而淡绿色可以给人一种清爽的春天感觉，薄荷绿可以传递一种水的清凉，青草绿则可以让人感受到一丝泥土的芬芳。

在璀璨夺目的珠宝世界里，生机盎然的绿色宝石们正满怀着青春与希望向我们走来，让我们张开手臂迎接这饱含爱与生命的绿色天使们吧。

【祖母绿】

祖母绿自古以来就是最珍贵的宝石之一，英文名称 Emerald, 源自波斯语 Zumurud。祖母绿因其独具魅力的青翠悦目以及稀少程度被誉为"绿色宝石之冠"，位于世界五大名贵宝石之列。祖母绿的颜色可为浅至深的绿色、淡蓝绿色至黄绿色，其中绿色偏微蓝色的祖母绿颜色最佳。祖母绿颜色的成因复杂多样，成矿环境不同、所赋存的岩石性质不同以及内部包裹体的数量和种类都与其颜色息息相关，如果围岩中铁元素含量高，可使颜色变黄、变暗，铬和钒的含量高则颜色更绿。

Dior 祖母绿戒指（主石为 2.9 克拉梨形切割祖母绿，配石为蓝宝石、帕拉伊巴碧玺、翠榴石及钻石）

祖母绿是五月的生辰石及结婚五十五周年的纪念石，宝石晶莹剔透，颜色鲜若翠羽，碧如新柳，其美丽的翠绿色象征着春意盎然、生机勃发、平安与祝福，因此深受人们喜爱。

【翡翠】

翡翠，因其细腻、坚韧的特性，丰富而极具装饰性的色彩，千变万化的种质而成为当之无愧的"玉石之王"。翡翠以其莹润俏丽、翠色欲滴的色彩照亮了所有玉石爱好者的心。绿色是翡翠的代表色，可以同祖母绿相媲美，有过之而无不及。绿色系列的翡翠色调极多，其中以浓郁的艳绿、翠绿色翡翠最为珍贵，墨绿、油青色次之。翡翠浓艳的绿色与其化学成分中含有较多的铬元素有关，铬元素含量越多绿色也就更加浓郁。

翡翠手镯

翠色之美，是生命的含义，能给人最大的满足，能焕发人们无限的激情。娇艳欲滴的绿色是翡翠中最高贵的颜色，宛如清新亮丽的女子，扑面而来的灵气隐藏在柔柔的笑意里，庄重含蓄，细腻柔和，深厚博达，耐人寻味……

【榍石】

榍石吊坠

榍石，英文名为 Sphene，这是一种在市面上较为少见的稀有宝石，它有着比钻石更加璀璨闪耀的"火彩"，这一特征与它的强色散（约0.051）有关。榍石的多色性明显，颜色的变化流转异常丰富，双折射率高也是它的重要特点，这一特征意味着它吸收光线后，能将一条光线分成两条射线，因此，其底面就呈现朦胧的双影，美丽异常。

榍石的色彩通常为绿色、黄绿色，偶尔也有粉红色和黑色。这美丽的绿色内部火彩闪耀犹如炽热的火焰、冬日里的阳光。这是一种是温暖的，精力充沛和充满热情的颜色，是一种力量的颜色，是一种治愈的颜色。这温暖的绿色意味着生命的耐力，使人深深沉浸在这温暖与真诚里。

【橄榄石】

橄榄石，英文名称为 peridot，源于法文的 peridot。橄榄石因其颜色多为橄榄绿色而得名。在古埃及时代，橄榄石被称为"黄昏的祖母绿"，被认为具有太阳般的神奇力量，可以去除邪恶，给人类带来光明和希望，人们把橄榄石作为护身符，并称其为"太阳的宝石"。宝石级橄榄石主要分为浓黄绿色橄榄石、金黄绿色橄榄石、黄绿色橄榄石、浓绿色橄榄石，优质橄榄石呈透明的橄榄绿色或黄绿色，清澈秀丽的色泽十分赏心悦目，这美丽的橄榄色源于其宝石内部所含的铁元素，铁元素含量越高，宝石的颜色愈加深邃浓郁。

橄榄石作为八月的生辰石，象征温和聪慧，夫妻和睦，有"幸福之石"的美誉，那一抹淡淡的黄绿色，稳定而单纯，就像是人生旅途上携手同行的夫妇，专注的情感是如此平凡而延绵无尽。

橄榄石戒指

【碧玉】

碧玉，属和田玉中的一个分支，其独特的碧绿色是其名字的由来。碧玉凝重清新，雅意盎然。碧玉色彩变幻的绿色是由于玉石在形成过程中融合了丰富多样的矿物成分所致，一扫羊脂白玉色泽上的的单调，展示出清新独特的一面。碧玉的颜色呈碧绿至绿色，常见菠菜绿、灰绿、黄绿、暗绿、墨绿等，颜色柔和且均匀，常含有黑色点状矿物。碧玉的绿色自亮丽黄绿到鲜艳欲滴的翠绿，带来一派澄净、清新的自然气息。

碧玉吊坠

【孔雀石】

孔雀石，英文名称为 Malachite，来源于希腊语 Mallache。因颜色酷似孔雀羽毛上斑点的绿色而得名。在我国古代称为"石绿"、"铜绿"、"大绿"、"绿青"等。在晶莹华美、绚丽多姿的宝石家族中，孔雀石以其致密细腻的质地、鲜艳的绿色、美丽的条带和同心环状花纹，展现出独特的风韵。色彩绚丽的孔雀石原石，造型奇特，有的如苍松翠柏，有的似山林风光，有的似群峦叠翠，有的如奇峰异洞，有的则如飞鸟走兽，千姿百态，异彩纷呈，均属天然造化，而非人工所为，鬼斧神工，妙不可言。优质的孔雀石颜色较深，呈翠绿、黑绿及天蓝色，可见条带和同心环带花纹，结构致密，质地细腻，这苍翠的孔雀绿色来源于其化学成分中的铜元素。

孔雀石印章（可见条带和同心状花纹）

《本草纲目》载："石录生铜坑内，乃铜之祖气也，铜得紫阳之气而绿，绿久则成石，谓之石绿。"孔雀石具有高雅气质，石美而清丽，有"妻子幸福"的寓意。

就像橱窗里摆放的洋娃娃，白天的神情珍贵而沉静，夜幕降临，故事慢慢拉开帷幕，蓝宝石的世界，依旧蒙着神秘的色晕。

蓝宝石的瑰丽世界
——9月生辰石：蓝宝石

文 / 图：潘 羽

蓝宝石有个发音优美的英文名字：Sapphire ，源于其晶莹剔透的美丽颜色，被古代的人们蒙上神秘的超自然色彩，将之视为吉祥之物。有人说蓝宝石是神的礼物，它深邃悠远的独特蓝色来自神的恩宠，让所有看到它、触摸到它的人都感受到不可思议的强烈吸引力，就像被引入充满梦幻的无限夜空，体会从未有过的宁静、智慧与平安。

自古以来蓝宝石就有"帝王之石"之称，据说他能保护国王和君主免受伤害和妒忌。旧约《圣经》中，犹太人相信蓝宝石来自造世主耶和华的王座，为了给陷于混沌迷惘中的犹太人民带来一道光明，而被神从王座上剥下，掷于人间以期传达神的心声。高贵纯净的蓝色光芒也让蓝宝石被尊崇为圣职者佩戴的不二选择。东方传说中把蓝宝石看作指路石，可以保护佩戴者不迷失方向，并且还会交好运，甚至在宝石脱手后仍是如此。

1936 年 12 月，即位不足一年的英国国王爱德华八世为了与离异两次的美国平民女子辛普森夫人结婚，毅然宣布退位。后来被追封为温莎公爵的爱德华八世为了表达爱意，授意法国卡地亚公司为夫人设计了四款首饰，其中"猎豹"胸针是第一款动物造型的珠宝。"猎豹"胸针由白金制成，上面镶有单翻式切割钻石和弧面切割的小颗粒蓝宝石，眼睛是一对梨形的黄色彩钻。"猎豹"蹲踞的"岩石"是一枚 152.35 克拉的克什米尔磨圆的球形蓝宝石。

Cartier 猎豹蓝宝石胸针

蓝宝石象征忠诚、坚贞、慈爱和诚实，能保佑佩戴者平安，并让人交好运。宝石学界将蓝宝石定为九月的生辰石，结婚 45 周年的纪念石。

【蓝宝石的颜色】

蓝宝石（Sapphire）和红宝石（Ruby）互为姊妹宝石，她们都属于刚玉矿物家族，是除了钻石以外地球上最硬的天然矿物，呈亮玻璃光泽至亚金刚光泽，基本化学成份都为氧化铝。宝石界将红宝石之外的各色宝石级刚玉都称为蓝宝石。

各种颜色的蓝宝石

因此，蓝宝石并不是仅指蓝色的刚玉宝石，它除了拥有完整的蓝色系列以外，还有着如同烟花落日般的黄色、粉红色、橙橘色及紫色等，这些彩色系的蓝宝石被统称为彩色蓝宝石（Fancy Sapphire）。

经研究发现：蓝宝石中因含有铁（Fe）、钛（Ti）、铬（Cr）、镍（Ni）、钴（Co）

帕德玛蓝宝石戒指

和钒（V）等微量元素，而呈现蓝色、绿色、黄色等颜色，甚至可具变色效应。

彩色蓝宝石中，最有名最贵重的莫过于斯里兰卡的帕德玛蓝宝石，英文名称：padparadscha，也称"帕帕拉恰"。帕德玛一词出自梵语 padmaraga，代表莲花的意思。

这种宝石的的独特之处在于它的色彩中同时拥有粉色和橙色，两种颜色相互生辉，若缺少其中任何一种颜色都不能被称为帕德玛蓝宝石。优质的帕德玛蓝宝石价格甚至可以与顶级的蓝色蓝宝石一争高下。在坦桑尼亚的乌姆巴 (umba) 河谷也发现有类似的粉橙色蓝宝石，并被称为非洲的帕德玛蓝宝石。

【蓝宝石的产地】

蓝宝石最大的特点是颜色不均，可见平行六方柱面排列的、深浅不同的平直色带和生长纹，聚片双晶发育，裂理多沿双晶面裂开，二色性强。世界不同产地的蓝宝石除上述共同的特点之外，亦因产地的不同而各具特色。

克什米尔蓝宝石戒指

● 印控克什米尔蓝宝石

一种不太透明的天鹅绒状、紫蓝色或浅蓝色的蓝宝石。由于不太透明，故外观给人一种"睡眼惺忪"的感觉，与其他蓝色蓝宝石不同。优质的"矢车菊"蓝色蓝宝石产于该地区。

缅甸靛蓝色蓝宝石

● 缅甸蓝宝石

指极优质的"浓蓝"或"品蓝"的微紫蓝色蓝宝石。在人工光源照射下，它会失去一些颜色，并呈现出一些墨黑色。缅甸蓝宝石的固态包裹体较少，流体包裹体较为丰富，有时可见金红石与一系列盘状裂隙相伴而生。

斯里兰卡蓝宝石戒面

斯里兰卡星光蓝宝石

● 锡兰或斯里兰卡蓝宝石

通常指灰蓝色至浅蓝紫色、具有较高透明度及光泽的蓝宝石，往往有不均匀的色带及条纹。当含大量针状、絮状包裹体时，斯里兰卡的蓝宝石透明度降低，略呈灰色。当其内部含有平行排列的三组纤维状金红石包裹体时，可具星光效应。历史上斯里兰卡曾出产过优质的彩色蓝宝石及星光蓝宝石。目前国内市场上还可见到被称为"卡蓝"的优质斯里兰卡蓝宝石。

● 马达加斯加蓝宝石

20世纪90年代，马达加斯加蓝宝石曾大量涌入市场，颜色丰富的马达加斯加蓝宝石红极一时，有绿蓝色、蓝色、紫蓝色等，达到商业级的马达加斯加蓝宝石常受到褐色调的影响而整体颜色品质不高，愈浓重愈明显。

● 泰国或暹罗蓝宝石

泰国蓝宝石的颜色较深，透明度较低，主要有深蓝色、略带紫色色调的蓝色、灰蓝色三种色调，还产出黄色、绿色蓝宝石以及黑色星光蓝宝石，固态包裹体较多。

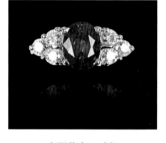

泰国蓝宝石戒指

● 澳大利亚蓝宝石

澳大利亚蓝宝石的颜色很深，甚至呈墨黑色，一般具有浓绿色到极深紫蓝色的二色性，透明度较差，半透明至不透明，往往带有不受欢迎的绿色调，常有色带和羽状包裹体。

另外，澳大利亚也有黄色蓝宝石及星光蓝宝石产出。

澳大利亚黄色蓝宝石

● 山东蓝宝石

山东蓝宝石的颜色可分为蓝色系列、黄色系列、多色系列。与蓝色蓝宝石相比，黄色蓝宝石大多透明度较高，纯净度较好。多色系列蓝宝石表现为同一粒蓝宝石上有两种或两种以上不同的颜色共存，例如：蓝色与黄色，蓝色、黄色和绿色等多色可以在同一块宝石上出现。

山东蓝宝石

此外，山东也有星光蓝宝石产出。

蓝宝石象征着爱情与幸运，从古到今，发生在蓝宝石身上的神秘故事不计其数，但却依旧无法阻挡女人想要拥有它。神秘幽幻的蓝宝石就像沁凉的海风一样，水般动人的光泽晶莹剔透，纯净得如同爱情。用珍贵而沉静的蓝宝石作为珠宝搭配，会让你在人群中闪耀高雅而不俗的光彩。

秋高气爽的日子里，把金黄点缀在身上，会不会给凛冽的冬天，带来暖意？

金井梧桐秋叶黄
—— 火欧泊

文 / 图：陈孝华

夏天已经过去，树上的叶子慢慢地褪去了绿色，裹上了秋装，在我们欣赏秋叶的时候，不妨和小编一起来看看火欧泊，这个将秋天的颜色变化演绎得淋漓尽致的精灵。

第一次见到火欧泊，就为其美丽的色彩所惊艳。提到欧泊，最先想到的一定是它绚丽的变彩，然而火欧泊作为欧泊家族中的一员，虽然没有我们熟悉的变彩，但依旧可以灼灼生辉。今天，就让我们一起来欣赏下美丽的火欧泊吧。

正如黑欧泊是澳大利亚的标志一样，火欧泊也是墨西哥的珍宝。生活在美洲大陆的玛雅人和阿兹台克人很早就将欧泊视为珍宝，他们认为这些鲜艳的宝石源于天堂水域，因而把欧泊称为"天堂鸟的宝石"。

火欧泊产于古代火山喷发形成的沉积岩洞或火山裂缝中，赋存于二氧化硅中的氧化铁给予了火欧泊独特的色彩。

原石及切磨好的各色火欧泊

如同它的名字一样，火欧泊的颜色多为橙黄色至红色，透明度为半透明至透明。虽然没有多彩的颜色，但是谁也不会说火欧泊的颜色单调，它最完美地演绎了橙黄色到红色的过渡。

没有变彩而又清澈透明的火欧泊经常会被切割成刻面型。颜色越浓郁、透明度越好的刻面火欧泊越珍贵，价值越高。

在众多没有变彩的墨西哥火欧泊中，偶尔也会出现有变彩的火欧泊，变彩艳丽，透明度较高的更是其中的精品。

Tamsen Z 火欧泊耳饰

除了刻面型和弧面型的火欧泊以外，随型也是火欧泊较常见的切割方式，经常被用在设计独特的配饰上，是设计师们的宠儿。

墨西哥火欧泊的重量大部分小于 1 克拉，5-10 克拉的火欧泊比较稀少，大颗粒的具有浓郁颜色和较好透明度的火欧泊一直是人们竞相收藏的对象。

除了墨西哥之外，危地马拉、洪都拉斯、美国和澳大利亚都有火欧泊的产出，但是墨西哥依旧是精品火欧泊的重要产地。

火欧泊的销售市场主要面向美国、加拿大、

Sifen Chang 随型火欧泊戒指

日本和德国及中国香港等地，火欧泊在开采出来之后，通常会经历半年到一年的放置期，目的是降低买卖之后由于欧泊失水而发生碎裂的可能性。但是这并不意味着火欧泊很脆弱，在正式切割前只有 5% 的火欧泊原料有碎裂的危险。

无论是红宝石的优雅高贵，还是芬达石的清新阳光，你总能在火欧泊身上找到最适合的颜色，在秋高气爽的日子里，把"落叶"的颜色点缀在身上，成为一道独特的风景，在凛冽的冬日里，延缓秋的脚步吧。

火欧泊胸针

颜色浓艳的
火欧泊戒指

20 世纪早期制造的
火欧泊耳饰

心若莲花，漫香遍洒，渔船唱晚，载着帕帕拉恰的光芒，去看落日余晖，钟声远扬。

落日下的莲花
——帕帕拉恰

文 / 图: 吴 帆

帕帕拉恰是蓝宝石的一种，是呈粉橙色的刚玉宝石。你可能会有疑惑：蓝宝石不都是蓝色的吗？答案是否定的，除了红宝石，其他颜色的宝石级刚玉统称为蓝宝石。除了蓝色蓝宝石之外，其他颜色的蓝宝石在商界被称为彩色蓝宝石，帕帕拉恰就是彩色蓝宝石中最为珍贵的一种。

【帕帕拉恰的名字由来】

帕帕拉恰是根据"padparadscha"这个词来音译而来，斯里兰卡当地使用梵文"padma

ranga"，梵文音译为"帕德玛"蓝宝石。帕帕拉恰具有莲花的色彩，是宗教徒心中神圣的颜色，象征着无上的圣洁和生命的纯净美好。"帕帕拉恰"正是因为带着这种至高无上的色彩，又被称为"莲花刚玉"。

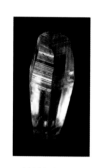

帕帕拉恰原石

【帕帕拉恰产地】

斯里兰卡的卡鲁甘谷河是帕帕拉恰的主要产地，他们对这种珍贵宝石尤为钟爱，不愿将这种神圣的宝石出口到其他的国家，供求关系的不平衡使帕帕拉恰在国际市场上弥足珍贵，一颗难求。近年来，帕帕拉恰在马达加斯加、坦桑尼亚甚至在越南和非洲都有所发现，但是似乎只有产自斯里兰卡的帕帕拉恰才能真正称得上是一颗血统纯正的帕帕拉恰。如同缅甸的鸽血红，克什米尔的矢车菊一样，离开了产地似乎就丧失了其产地意义。

帕帕拉恰裸石

【帕帕拉恰颜色之谜】

颜色的定义：帕帕拉恰之所以如此特别，能够成为斯里兰卡地区的至宝，原因在于它所特有的颜色。帕帕拉恰呈现独特的粉橙色（pinkish-orange），颜色由粉色和橙色组成，两种颜色你中有我，我中有你，缺一不可，相得益彰，形成一种难以言喻的美丽色彩。好似夏日余晖中波光粼粼的湖面上盛放的一朵莲花，开得不疾不徐，美得不争芳，淡然无极而又熠熠生辉。

Goldiaq 帕帕拉恰碎石拼花胸针

帕帕拉恰这种美轮美奂的颜色与抽象派画家莫奈的"睡莲"系列颇有几分相似，粉嫩的花瓣泛着落日余晖的光芒，微雨过，天正晴，莲花开欲燃。

● **颜色的范围** 理想的帕帕拉恰颜色为 50% 的粉色加上 50% 的橙色，但不同实验室对帕帕拉恰颜色的评定标准均不同。目前最受认可的标注是粉色或橙色在整粒宝石

"橙粉色"至"粉橙色"过渡的帕帕拉恰

不同色调的帕帕拉恰

帕帕拉恰裸石

的颜色中占到 30%~70%，而且没有其他杂色的均可称为帕帕拉恰。正因帕帕拉恰颜色的定义如此苛刻，所以一颗"名副其实"的帕帕拉恰才更显难得。因此，帕帕拉恰便成了许多珠宝爱好者梦想收藏清单中未了的心愿之一。

● **颜色的成因** 主要由 Cr^{3+}、Fe^{3+} 以及色心致色使刚玉呈现了粉橙色的奇幻效果。

【证书上的帕帕拉恰】

在斯里兰卡，偏橙色的和偏粉色的都叫"帕帕拉恰"，它有两个色系，粉橙色（orangy-pink）和橙粉色（pinkish-orange）。如何确定一颗宝石是真正的帕帕拉恰还是仅为偏粉色或橙色调的刚玉宝石，最为简单的方式便是看证书。但由于没有统一的国际标准，因此 GIA 宝石实验室的证书中很少会明确标注"Padparadscha"，但目前 GRS 宝石实验室证书中会明确标注"Padparadscha"。

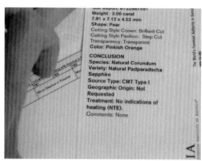

与上图中的帕帕拉恰所对应的 GRS 证书　　　　　帕帕拉恰 GIA 证书

　　GIA 很少给市场上那些所谓的帕帕拉恰出证书，是因为那些帕帕拉恰的颜色达不到 GIA 认可的标准的帕帕拉恰的颜色，充其量不过是带橙色调的粉色蓝宝石（orangish pink sapphire）。GIA 定义的帕帕拉恰是带粉色调的橙色蓝宝石（pinkish orange sapphire），这是两个不同的概念。

　　莲花曾是宗教信仰者为了功德和智慧而栽种的，而今，我们虽无处栽种莲花，却常可把"莲花刚玉"佩戴在身，心也似那不惹尘埃的莲花，漫香遍洒。

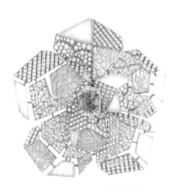

Chanel Sunset 系列帕帕拉恰胸针　　　　　帕帕拉恰吊坠

窗前泠气凝结，十一月的夜晚独有的泠冽纯真，像极了古朴纯洁的托帕石，看似冰泠的外表下隐藏着温暖的爱意。

人世沧桑，宝石传情
——11月生辰石：托帕石

文 / 图: 张 欢

千百年来，人们将美好的愿望赋予大自然的精华——宝石之中以求永恒的精神。在五彩缤纷的珠宝世界中，不乏色泽艳丽、光彩耀人的宝石。然而，能够像托帕石这样独享真诚友爱的高贵品质、独具古朴纯洁的深邃内涵、能够给予人智慧与勇气的宝石却并不多见。下面就跟随小编一起进入托帕石的世界，感受一下这十一月的生辰石给人带来的温暖与力量吧。

黄色托帕石首饰

【名称的由来】

托帕石的中文矿物名称为"黄玉"。这是由于自然界中的托帕石多呈黄色，因此，当时的中国人依据对宝石惯称为"玉"的习俗，将托帕石冠名为"黄玉"。至 20 世纪末，国内宝石界为避免托帕石与黄色玉石、黄晶的名称相混淆，国标规定采用其英文"Topaz"音译名称"托帕石"来命名宝石级的"黄玉"。

关于"托帕石"一词的由来，有两种传说：（1）"Topaz"一词出自印度梵文Tapas，这个词的意思代表着"火"，因此托帕石也一度被印度人称为火之石；（2）一位埃及王妃试图刺杀法老，但未成功。事情败露之后，这位埃及王妃被流放到红海上的一个小岛。小岛的主人认为王妃是神派来的使者，于是就将一颗闪闪发光像太阳一样的宝石赠与了王妃，因而得名"托帕石"。对于闪耀在众多宝石中的托帕石，其实无论哪种说法，无不体现着托帕石特有的异国情韵，真是石如其名。

【寓意与象征】

在西方人看来，托帕石可以作为护身符佩戴。托帕石代表了真诚和执着的爱，有助于重建信心和重树目标，象征着团结、智慧、友谊与忠诚，表达了人们渴望长期友好相处的愿望。因此托帕石也被称为"友谊之石"，并被誉为十一月的生辰石。

【基本性质】

托帕石为斜方晶系，玻璃光泽，折射率为 1.619~1.627，相对密度为 3.53，摩氏硬度为 8。

托帕石的颜色多呈无色、极淡蓝色、淡褐色和橙黄色（雪利酒色），而红色和粉红色极少。巴西托帕石较其他产地的颜色深，多呈黄—橙黄色，还有淡蓝、淡粉、灰绿和无色等；斯里兰卡的托帕石色浅，多呈浅蓝、浅绿和无色等；中国的托帕石颜

托帕石单晶体

"伦敦蓝" 托帕石

"瑞士蓝" 托帕石

色极浅，多呈无色，还有极淡蓝色和极淡褐色。

需要说明的是，无色托帕石是这个家族中产量最大、应用最多的品种，因为，市场上出售的很多蓝色托帕石是以无色托帕石经过辐照处理而来的，不过这种辐照处理过的托帕石需要置留六个月以上的时间才能用作饰物宝石。无色托帕石经过辐照可呈现不同色调与深浅的蓝色，如天空蓝、瑞士蓝和伦敦蓝等。

托帕石透明度较高，与其他单晶体宝石相比，内部比较洁净，包裹体较少，肉眼较难看见瑕疵。

【评价与选购 】

托帕石以颜色、净度、切工和重量作为评价依据。

从颜色来看，价值最高的是红色托帕石、其次是粉色、雪利酒色、蓝色和黄色托帕石，无色托帕石的价值最低。

内部纯净、透明度高的托帕石具有较高的价值。含气液包体、裂隙多者价值较低。

蓝色托帕石戒指

切工的优劣也影响着托帕石的价格。优质的托帕石应具有明亮的玻璃光泽，抛光不当会影响宝石的光泽，降低宝石的价值。

重量直接影响着宝石的价格，因此，在其他评价因素相同的情况下，托帕石的块度越大，价格越高。

选购托帕石饰品时，要综合考虑其评价因素，以颜色浓艳、均匀、纯正，瑕疵少、透明度高，切工精细为佳，颗粒度大小可依据饰品设计要求而进行选择。

蓝色托帕石戒指

菡萏香销翠叶残，西风愁起绿波间。在这秋冬交替的十一月，本该是枯藤、老树、昏鸦的季节，而浓艳脱俗的托帕石却给这个静谧、祥和的十一月带来了许多温暖与热情。作为十一月的生辰石，托帕石将智慧与勇气的寓意传达得淋漓尽致。谁说寒冷就一定会与悲观为伍呢? 让我们与托帕石一起继续青春洋溢吧!

十二个月份，十二种祈祷，祈祷家庭美满，健康平安，心灵平静。这一世看好看的风景，见可爱的人，趁微风不噪，趁繁花未满，趁阳光正好。

你的"专属天使"，带上它许个愿吧！
—— 十二月生辰石大盘点

文 / 图：张 格

在这缤纷璀璨的世界，神秘的自然在我们降生之时赋予了我们每个人一种珍贵的宝石，人们将这些宝石开采、琢磨，制成精美的珠宝常伴左右，不同的宝石被赋予了不同的寓意。宝石以其吉祥、幸运的神奇魅力备受人们青睐，被人们视为"守护神"。

【十二月生辰石】

生辰石的传说起源于公元一世纪犹太历史学家Josephus的文献以及公元五世纪《圣经》学者St Jerome的作品。古人认为宝石具有某种魔力，对人的生死病痛、灾祸幸福都有着控制的作用，视为吉祥之物。人们相信每月的生辰石，会牢牢守护着这个月出生的人，为他们带来幸福、勇气和希望。

石榴石手串

【一月天使 石榴石】

"朱弦已为佳人绝，青眼聊因美酒横。"用这首黄庭坚的诗句来描述石榴石的"多情"是恰如其分的，那醇厚的紫红色恰如那葡萄美酒般承载着诗人的浪漫情怀。紫红色是忧郁的颜色，石榴石的多情中也带有一丝淡淡的忧伤，默默期许——愿君多采撷，此物最相思。

石榴石，也叫石榴子石，英文名称为 Garnet，源自拉丁语 Granatum，意思是"粒状、象种子一样"，石榴石晶体与石榴籽的形状、颜色十分相似，故名"石榴石"。石榴石是比较常见的中低档宝石之一，颜色浓艳、纯正透明度高的是紫牙乌的佳品，它的高折光率、强光泽、忧郁美丽的紫红色深受人们喜爱。相传佩戴石榴石可以使人心情平静宁适，与人为善，拥有看透世间一切的能力，是信仰、坚贞与淳朴的象征。

【二月天使 紫水晶】

神秘而浪漫，这大概是人们见到紫水晶的第一感觉，紫水晶一语源自希腊语的诚实，意思是"守身如玉，出淤泥而不染"，在今天，紫水晶则被视为是诚实、纯真的爱情的标志。

紫水晶胸针

紫水晶的英文为 Amethyst，源自希腊语的 Amethystos，紫水晶的颜色从浅丁香紫色到深紫色，其中深紫色的紫水晶价值最高。相传紫色可主宰右脑世界的直觉与潜意，可激发思考及助眠安泰。紫水晶代表灵性、精神、高层次的爱意，可作爱侣间的定情信物，又可作为护身符，驱赶邪运、增强运气，并能平稳情绪集中注意力、提高直觉力、帮助思考、促进智能及增强记忆力，给人勇气与力量。

海蓝宝石手串

【三月天使 海蓝宝石】

海蓝宝石的英文名源于拉丁语 Sea Water "海水",这是因为古人发现海蓝宝石的颜色如同海水一样蔚蓝,便赋予它以水的属性,认为这种美丽的宝石一定来自海底,是海水之精华,此后,海蓝宝石与"水"就有了不解之缘。

海蓝宝石因其湛蓝澄净的色泽而得名,属于中档宝石的一种,其颜色以明洁无瑕的艳蓝至淡蓝色者为最佳。无论是东方还是西方,都把水看做生命之源,而三月正是地球上一切生灵开始活跃起来的时间,所以具有"水"属性的海蓝宝石就被界定为三月的生辰石,象征着沉着、勇敢和智慧。西方人以为,佩戴海蓝宝石能够使人具有

海蓝宝石戒指

先见之明,而在古希腊传说中,海蓝宝石则被认为可以为航海员驱除恐惧感,让他们在大海的航行中得到保护。

【四月天使 钻石】

传统爱神丘比特的箭头正是因为镶有钻石而可以施展爱的魔法,种种关于钻石的美丽传说足以说明钻石早已披上其他宝

钻石戒指

石难以媲美的神话色彩,更是一种足以代替语言的传情使者,表白与挚爱共度永恒的承诺。

钻石,矿物名称金刚石,其英文名称为 Diamond,源自希腊语 Adamant,意为"难以征服"。亿万年前,钻石已经深藏于地壳深处,至今仍是大自然最坚硬耐久的瑰宝。正因为钻石历经千万年仍保持璀璨的光芒,因而赢得"永恒"的美誉,成为"恒久真爱"的见证。

祖母绿耳饰

【五月天使 祖母绿】

懂得欣赏祖母绿的人必然热爱自然且心胸豁达，全神贯注地凝视祖母绿时宛如面对青山绿水般心旷神怡。世界上似乎没有一种绿色宝石的颜色可以与祖母绿沁人的色彩相媲美，那抹浓艳欲滴的绿色千百年来一直被人们视为爱和生命的象征。

祖母绿得名于古希腊词"smaragdos"，源于古法语"Esmeralde"，译为"绿色的石头"。祖母绿中颜色以深邃的微蓝绿色最为珍贵，西方的珠宝文化史上，祖母绿代表着充满盎然生机的春天，传说它也是爱神维纳斯所喜爱的宝石，因此祖母绿又有成功和保障爱情的内涵。祖母绿能够给予佩戴者美好的回忆，而它所闪烁的那种神秘的光辉使其成为世界上最珍贵的宝石之一。

【六月天使 珍珠】

尘世间，多少闪光的宝石，均需切磨才可放出光亮，唯有珍珠，因水而生的光华，无需雕琢的灵性，经历过数以千计的日月起伏，承载了多少生命和时间的感悟。珍珠是

白珍珠

少有的具"生命"的宝石，西方传说中，美神维纳斯出生于贝壳中，从她身上滴下来的露水就变成了一粒粒晶莹剔透的珍珠。

珍珠头冠

珍珠的英文名称为pearl，源自拉丁文的Pernulo一词。珍珠具有瑰丽的色彩和高雅的气质，象征着健康、纯洁、富有和幸福，自古以来为人们所喜爱。珍珠以白色、米色、粉红色较为普遍，也有黑色、黄色、紫色等。传说珍珠是月亮上的宝石，端庄大方、艳而不媚、华而不俗，是谦逊和纯洁的象征，代表着幸福美满的婚姻。

【七月天使 红宝石】

人们钟爱红宝石，视它为热情、品德高尚的代表。红宝石的使用历史比钻石更为久远，在古印度，因其纯红的色泽，人们更相信红宝石中一定燃烧着永不熄灭的火苗。

红宝石的英文名称为 Ruby，源于拉丁文 Ruber，意思是红色。红宝石中以颜色最为浓艳的鸽血红色最

红宝石耳坠

为珍贵稀有。人们相信红宝石具有消除对爱猜疑和嫉妒心的能力，所以它也被认定为爱情的守护石。瑰丽、华贵的红宝石是红色宝石之王，是高尚、爱情、仁爱的象征，人们期望佩戴红宝石可以健康长寿、爱情美满、家庭和谐。

橄榄石戒指

【八月天使 橄榄石】

在希腊神话中，太阳神阿波罗的黄金战车之上镶嵌着无数橄榄石，威武的战车在天空飞驰时向四周放射出无比灿烂的光芒。在古埃及，橄榄石则被认为具有太阳般的神奇力量，可以驱除邪恶、降服妖魔，给人类带来希望。

橄榄石因其颜色多为橄榄绿色而得名，其英文名称为 Peridot，源于法文的 Peridot。优质橄榄石呈透明的橄榄绿色或黄绿色，清澈秀丽的色泽十分赏心悦目，象征着和平、幸福、安详。相传橄榄石拥有使人冷静的能量，高雅的颜色具有镇定的效果，有助舒缓紧张情绪，令人心旷神怡！

【九月天使 蓝宝石】

有人说蓝宝石是神的礼物，是秋天的宝石。它深邃悠远的独特蓝色来自神的恩宠，让所有看到它、触摸到它的人都感受到不可思议的强烈吸引力，就像被引入充满梦幻的无限夜空，体会从未有过的宁静、智慧与平和。蓝宝石以其稳重而赏心悦目的色彩，给人以慈爱、宽容、庄严、高雅之感，备受人们的青睐。

蓝宝石，其英文名称为 sapphire，源于希伯来文的"sappir"，为"臻于完美之物"之意。蓝色蓝宝石的颜色范围十分广泛，优质的蓝色为皇家蓝及矢车菊蓝，呈鲜艳的纯蓝至艳蓝微带紫色调。蓝色，象征真理、高贵、恬静、纯真，它是天空的颜色，是圣经中神之居所的颜色，可以带来神的祝福与恩典而被人们珍视与尊崇，表达着世人对上天的崇敬。

蓝宝石戒指

【十月天使 欧泊】

欧泊吊坠

在欧洲，欧泊被视为幸运的代表，象征着希望、纯洁与快乐，古罗马人称其为"丘比特美男子"，甚至认为"欧泊的贵重价值如同钻石"。由于欧泊色彩绚丽、变幻迷人，给人以美妙而无穷的想象，所以也被誉为"希望之石"。

欧泊的英文名称为 Opal，源于拉丁文 Opalus，意思是"集宝石之美于一身"，或来源于梵文 Upala，意思是"贵重的宝石"。欧泊的色彩丰富艳丽，你可以在它的身上找到各种宝石的色彩与光芒，它有着红宝石火焰般的炽烈、祖母绿的高贵华丽、紫水晶的神秘优雅等。远古时候的种族用欧泊代表神奇的力量，欧泊能让它的拥有者预见未来。人们相信欧泊可以有魔镜一样的功能，可以装载情感和愿望，释放压力，愉悦心情。

【十一月天使 托帕石】

在雾和雪笼罩下的十一月来到这个世界的人，应珍视象征着友谊与爱情的托帕石。相传，托帕石可融化人心中的负面能量，带来快乐与健康，同时古希腊人还认为托帕石是"有强大神奇力量的宝石"，可以作为护身符来化煞辟邪。

托帕石戒指（配石：紫水晶）

托帕石的英文名称为 Topaz，西方人将托帕石誉为"友谊之石"，代表真诚和执着的爱，能控制情绪与消除疲劳，并有助于重建信心，建立人与人之间纯真的友谊。

托帕石裸石

【十二月天使 坦桑石】

坦桑石色泽湛蓝、清澈温馨、夺人眼目，优质的品质及光泽堪比蓝宝石。坦桑石除了艳丽的色泽格外引人注目外，更被誉为"希望之石"，象征着希望、高贵与成功。

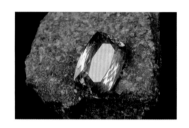

坦桑石裸石

坦桑石英文名称为 Tanzannite，其特有的蓝紫色，显得与众不同。坦桑石在主色调蓝色的背景下泛着幽幽的紫色调，如天空和大海般湛蓝。蓝色的坦桑石使人心胸开阔、心旷神怡，是灵气、爱和永恒的象征。人们相信，佩戴坦桑石戒指能够帮助佩戴者增强悟性，提升佩戴者的洞察力和直觉力，能够更好地把握未来，向成功迈进。

坦桑石吊坠

沧海月明珠有泪，蓝田日暖玉生烟。人与自然界中特定的宝石有与生俱来的缘分，随着科学的发展，关于生辰石拥有辟邪护身的魔力、能带来好运之说法，人们已经不再深信不疑。然而，作为一种文化沉淀和美好期许，佩戴生辰石的习俗还会持续地流传下去。

JEWELRY DESIGN
艺术设计

总觉得编织艺术有着独特的魅力，缠缠绵绵之间是不是夹杂着人生的百味。

编织工艺与珠宝的时尚邂逅

文 / 图：顾旭楠

中国的编织工艺大多体现在各种含有吉祥寓意的绳结上，如"金刚结"、"祥云结"、"琵琶结"，等等。而晶莹剔透的宝石与有着浓厚文化气息的中国绳结又能擦出怎样的火花呢？具有独特设计风格与设计视角的意大利首饰品牌 Anna e Alex 首当其冲。

这个来自罗马的品牌以古老的编织坠珠工艺和独特的设计风格在意大利潮流首饰中占有一席之地，它是由曾在宝格丽（Bvlgari）任职的珠宝设计师 Anna Neri 和 AlessandraSales 于 2006 年共同创立。

祥云结在国内的日常生活中随处可见，小到唐装上的盘扣，大到节日中悬吊的装饰，都可见其踪影。而 Anna e Alex 的首饰中的祥云结与水滴形宝石吊坠的结合，形式上与国内的编绳工艺大致相同，却在彩线颜色与小配件的结合上处处体现异国风情，古香古色却又不失典雅高贵。

祥云结耳坠 1

Anna e Alex 的编织工艺在编绳的颜色与宝石搭配方面看似简单却又颇有讲究，冷色与暖色的搭配，宝石光泽与绳结纹理的结合，以及各个小粒配石的组合，都使得 Anna e Alex 的每件作品简单、大气、却又不失细节。

祥云结耳坠 2

编织工艺的种类与材质并不仅仅局限于绳结，历史悠久的编织工艺在各国范围内都有其独特的一面。Anna e Alex 这一系列珠宝具有古典的韵味，产品结合了意大利工艺，以艳丽的图案展现了神秘古老的复古风情，异域美感油然而生，其强烈的视觉冲击感，让人不禁沉湎其中。

祥云结耳坠 3

祥云结耳坠 4

有些东西独立存在并不能凸显它的光芒，但是它们的集锦会光彩地开出花儿来。

看长腿欧巴，赏精美首饰
当红韩剧美爆首饰大集锦

文 / 图：董一丹

制作精良的韩剧中，总是少不了精美首饰的锦上添花。当我们被跌宕起伏的剧情吸引的时候，搭配得当的精美珠宝首饰同样吸引着我们的视线。细数这些迷人的宝贝，让他们带领我们再次回顾那些难忘的精彩时光。

《那年冬天起风了》

剧情指数：★ ★ ★ ★

演员观赏指数：★★★★★

珠宝首饰观赏度：★★★★★

为突出其双目失明的富家女纯洁、高贵的气质，各种珍珠首饰成了优雅的代言。除去宋慧乔自己代言的首饰品牌——J.ESTINA，还吸收了潘多拉等小众却精致的瑞士品牌。小小的珍珠，诉说着唯美动人的故事。

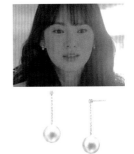

宋慧乔佩戴 J.Estina 珍珠耳坠

《当男人恋爱时》剧照

《当男人恋爱时》

剧情指数：★★★

演员观赏指数：★★★★

珠宝首饰观赏度：★★★★

整部剧的首饰风格现代且线条流畅，突出女演员在剧中的特点，首饰品牌以韩国本土首饰品牌为主。瞬间把女一灰姑娘身份上升到女王级别。值得一提的是，剧中女二的扮演者蔡贞安因为这部剧小火了一把，期待她演女一的剧。首饰特点虽然紧跟人物性格，但是女二的耳环像极了我们的金工作业。

《主君的太阳》

剧情指数：★★★★★

演员观赏指数：★★★★★

珠宝首饰观赏度：★★★★

剧中的多款男戒都是苏叔自己的私物。为了配合酷酷的剧情，品牌克罗心在剧中的赞助随处可见。实力派女主角

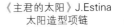

《主君的太阳》J.Estina太阳造型项链

《主君的太阳》J.Estina 关节戒指

孔孝真也开启了关节戒指的时代。只此一款与女主角太阳同名的项链火的不行，众小主纷纷领回家当自己的守护神，就当苏叔守候着大家啦。

《继承者们》

剧情指数：★★★★★

演员观赏指数：★★★★★

珠宝首饰观赏度：★★★★

Dogeared 吊坠

欲戴王冠，必承其重。本剧讲述了占韩国0.1%上流社会的高中生富家子弟们的故事。故事核心为王子跟灰姑娘的故事。本剧的首饰搭配除了选择韩国本土的潮牌和奢侈品品牌撑台之外，另辟蹊径，选择了美国的新兴银饰品牌dogeared。多款首饰寓意深厚，并且代表了剧情的转折，成为时下年轻人的代表饰物。

许愿骨项链源自于西方传说，二人肋骨结合在一起，两人共同拉扯，谁的长，谁的愿望就实现。作品线条鲜明，将现代气息与大胆创意融为一体。

《来自星星的你》

剧情指数：★★★★★

演员观赏指数：★★★★★

珠宝首饰观赏度：★★★★

此剧堪称年度神剧，凡是涉及剧中的一切——必火。不知有多少人抛弃男女朋友，年度跨年是伴着都教授与千颂伊。但是，当我们沉醉于炸鸡与啤酒的美味之时，剧中人物关于珠宝首饰的搭配，也堪称精美绝伦。这部编剧＋演员＋演技三位一体的韩剧以火箭速度俘虏观众。女主人公千颂伊（全智贤饰演），

HSTERN 星星元素长耳环

在21集中的造型时髦得丧心病狂。Chanel、Hermes、Prada 各种服装珠宝搭配信手拈来。其中，不乏国际一线奢侈品牌的顶级赞助，但的确有一些新兴的小众品牌抢够了风头。

卡地亚戒指

全智贤所佩戴的珠宝首饰，堪称珠宝盛宴。甚至请动了从不轻易给电视剧赞助的 PRADA，还把它的冬季新款用到剧中，羡煞旁人。

这款戒指大家记忆尤深吧，只要一转动它，是的，就要干坏事儿了。卡地亚珠宝的造型很多，这款钉子造型的珠宝堪称简洁而经典的典范。这款戒指作品线条鲜明，将现代气息与大胆创意融为一体，以自信不羁的独立精神，彰显了个性独特的自我追求，体现了张扬摩登、特立独行的纽约设计风格，一经推出就广受追捧。

金银多数是硬的，编织是软的，但是金银与编织在一起了，会怎么样呢？

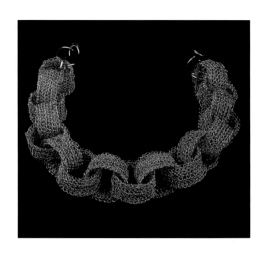

金银与编织的奇妙碰撞

文 / 图：顾旭楠

　　说到编织大家应该都不陌生，在生活中随处可见编织带给我们的美与乐趣。但是大家想到过以黄金白银作为丝线编织出的可以佩戴的首饰吗？以色列艺术家 Sara Shahak 的一系列时尚、个性的编织首饰作品，可以让大家欣赏到不一样的编织质感所带来的奇特美感。

　　黄金与白银作为单独体现首饰质感的材料并不多见，织物的柔软质感与金银的光泽恰恰产生了与众不同的美感。

编织耳坠

Sara Shahak 蕾丝编织

SaraShahak 于 1954 年出生在以色列特拉维夫。她喜欢使用编织工艺来体现首饰的结构与质感。虽然金银丝线在颜色上过于单一，不过编织工艺的多样化，却意外的产生了独特的效果。疏密对比、经纬交叉、穿插掩压、粗细对比等手法的应用，使编织平面上形成凹凸、起伏、隐现、虚实的浮雕般的艺术效果。

蕾丝花边也是 Sara Shahak 擅长的编织题材，因为她的母亲是一个蕾丝编织者，作为珠宝设计师的她试图将母亲的蕾丝编织工艺继续和发扬，将金银与蕾丝编织相结合。

在女性的服饰中，蕾丝花边从来都起画龙点睛之作用。Sara Shahak 的金属蕾丝花边层层叠叠累累结结，似乎比织物中的蕾丝更加矜贵与浪漫，依然是女人心头的最爱。

与此同时，Sara Shahak 还在编织中加以宝石的点缀，又使得她的首饰作品带有一丝神秘的异域气息。形状多变的各种宝石交错或是不规整地在金银丝编织的首饰中排列着，别有一番风味与情调。

我国古代就有金缕玉衣和许多的制作花丝工艺品的记载，它们就是最初人类对于编织与首饰结合的天才构想。而到了科技发达的当下，百炼成柔的金银丝以高超的工艺被精心层叠交织成令人赞叹的形态，编织首饰就以一种崭新的形态诞生了，它使金属的奢华多了一份低调，编织的精巧多了一份典雅。这份典雅高贵与生俱来，毫不因时代的变迁而褪色。

银丝编织首饰

以色列艺术家 Sara Shahak 金银编织首饰

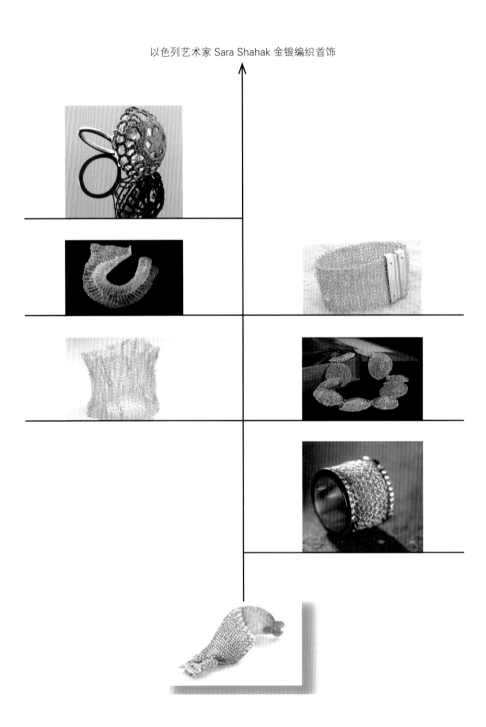

刚刚经历了夏雨里的骄阳，那股骄傲的劲儿像极了布契拉提的作品，这一路走来，布契拉提重塑了珠宝的文艺复兴。

珠宝文艺复兴
布契拉提 (Buccellati)

文 / 图：于 帅

　　"白金夹黄金，小巧的宝石，异常精致的图案，纤细多姿得犹如神话中仙女佩戴的饰物，引人入胜。因有种迷茫的美丽，现实生活中罕见，镶作鬼斧神工。"——这是著名女作家亦舒对于一个名叫布契拉提 (Buccellati) 的珠宝品牌的由衷赞叹。到底是什么原因让这位淡雅从容的女作家有如此感叹呢？

　　布契拉提 (Buccellati) 这个珠宝品牌，对于很多人来说也许很陌生，可是它的光芒依然没有被掩盖，人们看到它所创造出来的珠宝时，几乎都要发出赞美之声。这个创

Buccellati 项链

立于 1919 年的意大利珠宝品牌，用精细的加工工艺、独特的编织造型以及饱含历史厚重感的艺术气息征服了世人。纽约奢侈品研究调查机构曾经在高端消费人群中对 20 个顶级珠宝品牌进行了"奢侈品价值指数"调查。结果显示，布契拉提在宝诗龙、宝格丽、戴比尔斯、伯爵、蒂芙尼和梵克雅宝的光芒中胜出，与海瑞温斯顿和卡地亚分别占据前三名的位置。

早在 250 年前，布契拉提这个名字就活跃在米兰的"金饰街坊"。 1906 年，布契拉提家族中才满 14 岁的马里奥 (Mario Buccellati) 开始了金匠学徒生涯。他将文艺复兴时期已为金匠们使用、后渐失传的一种雕金技巧——织纹雕金加以创新，演变出多种不同的织纹来。到了 1919 年，马里奥在米兰开设了自己的第一家店，很快就赢得了"金艺王子"的名号。意大利、西班牙、比利时，甚至埃及等各国王室、贵族都来订购饰品，就连梵蒂冈的教皇也成了他的顾客。

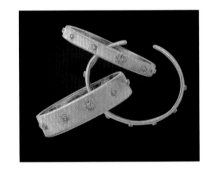

Buccellati 手镯

"织纹雕金"是在文艺复兴时期盛行的一种古老的技艺，在贵重金属上通过独有的镂刻技艺，令金属表面呈现出细密柔软的织物视觉质感。极致细腻的雕纹给予了珠宝轻如薄纱的质地和丝绸般的触感。

这种独特的技法因为耗时的巨大以及对工匠近乎苛刻的完美要求使得布契拉提的"织纹雕金"珠宝变得独一无二，想要仿制也是难上加难。但是布契拉提并没有就此止步，他们把珠宝与金属工艺相结合，把彩色宝石

Buccellati 珠宝套装

Buccellati 手镯

运用到设计中去。你可以看到钻石与红色以及蓝色等其他颜色的宝石在色彩以及造型方面别出心裁地与"织纹雕金"技术的完美结合。

文艺复兴早期，蕾丝开始在威尼斯和布鲁日的纺织作坊中出现，并迅速席卷了欧洲宫廷女性的服饰，这种柔软富有韧性、利于造型、又充满美感的镂空服装面料，让马里奥获得了灵感。他设想通过镂空黄金去获得类似于蕾丝的镂空纹理，经过反复试验，马里奥在黄金上获得了世界最顶尖的蕾丝——威尼斯蕾丝的效果。

现如今，布契拉提历经三代传承，始终不变的是对品质与工艺的虔诚态度。尽管经过将近一百年的时间，布契拉提仍旧将手工艺贯穿珠宝制作的始终。严格的态度，高超的技艺以及精确协调的比例感使布契拉提拥有独一无二的优势，可以清晰诠释其设计的每个细节，布契拉提珠宝百分之百手工打造，每件作品大约需要六个工匠合作完成，他们都拥有自己的专长，能够使用古老的工具。

Buccellati 珠宝套装

布契拉提对于工艺的探索并没有止步，从中世纪的艺术风格到自然的结构形态、从皇家气质到塔形首饰，这些五花八门的元素经过布契拉提纯手工艺的诠释，全都演变成了这个品牌最具风格和特色的标志。这就是布契拉提的珠宝上不需要品牌标志的原因，说到这个名字的时候，人们往往会经历一种感动，一种发自内心的热爱之情以及对古老工艺的由衷赞美。

Buccellati 手镯

Buccellati 首饰

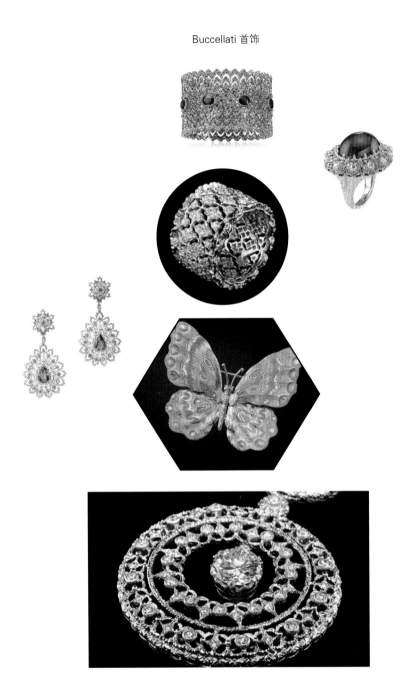

优雅的王妃也有着不能语的秘密，或许就藏在她的珠宝匣子里。

揭秘绝世王妃
格蕾丝·凯莉的珠宝盒

文 / 图：董一丹

　　全球热播大片《摩纳哥王妃》已于 2014 年 6 月 20 日在中国进行首映，这部由法国天才导演奥利维·达昂 (Olivier Dahan) 执导、国际著名影星妮可·基德曼 (Nicole Kidman) 领衔主演的影片不仅讲述了格蕾丝·凯莉灿烂跌宕的王妃生涯，更展现了格蕾丝王妃优雅的珠宝奇缘，在众多珠宝品牌中，尤爱卡地亚与梵克雅宝。璀璨的珠宝装饰了王妃的美颜，王妃高贵典雅的气质衬托出珠宝无与伦比的璀璨。

　　相信各位看官在影院被紧凑的剧情和妮可·基德曼精湛的演技深深吸引的同时，

也被剧中珠宝的饕餮盛宴所诱惑。借由影片机会，卡地亚品牌无距离配合，打造多款复刻珠宝。观众将通过电影近距离欣赏卡地亚为传奇王妃格蕾丝·凯莉打造的稀世珍品，感受品牌的非凡历史传承和极致工艺美学，同时细品品牌与王室的不解渊源，以及与电影艺术的无尽情缘。

妮可·基德曼在影片中佩戴着卡地亚钻石项链

Cartier 复刻祖母绿型切割钻石的戒指

在卡地亚众多拥簇者中，名媛雅士不计其数，而摩纳哥王妃格蕾丝·凯莉正是其中之一。这位王妃的传奇人生总与卡地亚紧密关联。1956 年，摩纳哥亲王兰尼埃三世（Rainier III）挑选了一枚由卡地亚定制的镶嵌了 10.47 克拉祖母绿型切割钻石的戒指向其求婚。

在两人的世纪婚礼上，格蕾丝王妃更是收到了诸多卡地亚珠宝礼物，其中包括了其王室官方肖像中所佩戴的一顶镶嵌了红宝石和钻石的王冠和一条三串式钻石项链。

影片中，头戴粉红色帽子的格蕾丝王妃正是佩戴着卡地亚为其定制的贵妇犬造型胸针，站在巴黎和平街 13 号精品店前，向媒体宣布她将放弃好莱坞演艺生涯，投身家

卡地亚贵妇犬造型胸针原件

卡地亚复刻版三串式钻石项链

格蕾丝王妃的梵克雅宝刺猬胸针（1960 年）

格蕾丝王妃的梵克雅宝蝴蝶耳夹（1961 年）

庭与王室义务，借此，影片走向了高潮。

除了这些历史作品复刻之外，卡地亚还为影片提供了很多当代高级珠宝。

从影片回到现实，优雅一生的摩洛哥王妃——格蕾丝·凯莉承受着家族的兴衰荣辱，但是，也时常充满童趣，梵克雅宝的多款童趣胸针受到格蕾丝王妃的青睐。

格蕾丝·凯莉，一个把灰姑娘的童话变为现实的绝世女子。生于富足之家，成长于光影之下，却殒落于一场车祸。这场王室的爱情故事感人至深，但是，比爱情更迷人的，是那些永世存在的珍宝，他们携着王妃一生的荣光，灿烂绽放。

时间如白驹过隙，有位美人却将她的魅力晕染了一年又一年，不曾老去。

美人不朽 珠光不减
伊丽莎白·泰勒与珠宝的不解情缘

文 / 图：顾旭楠

伊丽莎白·泰勒的爱情一直以来都被人们津津乐道，从 18 岁第一次结婚以来，一生有 8 次婚姻、7 位丈夫的纪录。其中当以第三任丈夫迈克尔·托德和第五任、第六任丈夫理查德·伯顿的婚姻最为引人瞩目。他们对泰勒的爱意都融入在了为佳人所精心挑选的珠宝当中。

迈克尔·托德是一名美国电影制片人，他以"你是我的女王"为名送给了泰勒一顶制作于 1880 年的古董钻石王冠。

同年 8 月的一天，泰勒在法国圣让卡普菲拉的别墅游泳时，托德突然拿出 3 个卡地亚首饰盒，里面放着一套艳丽的红宝石首饰。没有镜子在手的伊丽莎白以池水作镜，看到颈项、耳朵和手腕闪闪生光，她兴奋极了，她忆述道："我高兴得大叫起来，抱着迈克尔，把他拉进泳池里。"

然而不幸的是，1958年泰勒原本要与托德一起乘私人飞机前往纽约参加宴会，但当时泰勒因感冒不适，托德劝她不要搭飞机，不想托德的飞机在新墨西哥州坠毁。此后的一年时间里，泰勒将自己关在家中不愿见人。

制作于1962年的电影《埃及艳后》耗资庞大，制作考究，可是影片上映后并没有获得预期效果，倒是险些拖垮了二十世纪福克斯公司。不过这一切都没影响到泰勒，反而成为她最具标志性的代表作，同时收获了一份至深的爱情，在拍摄期间泰勒爱上了扮演安东尼的英国演员理查德·伯顿。

伊丽莎白·泰勒在《埃及艳后》中的金色披肩即将以1万美金的起拍价拍卖，这件金色披肩宛若凤凰的羽翼，由金子和金色皮革以及上万颗小珠子缝纫而成，凭借此道具，泰勒完美地诠释了克利欧佩特拉的绝世美艳与致命诱惑力，更是见证了泰勒成为电影史上第一位百万美元片酬演员的时刻。

而泰勒在电影中所佩戴的一顶假发套已经以上万美元的天价被成功拍卖，据悉，这顶深褐色波波头假发所用发丝皆为真发，辫子上饰有金色珠子和金丝。影片中伊丽莎白·泰勒正是戴着它劝说凯撒（雷克斯·哈里森所饰演）去统领整个帝国，并且影片中出现的猎鹰头饰还帮助《埃及艳后》获得了当年的奥斯卡奖最佳服装设计奖。

伊丽莎白·泰勒与理查德·伯顿在罗马拍《埃及艳后》

泰勒佩戴这顶古董钻石王冠陪伴迈克尔·托德出席了奥斯卡典礼

《埃及艳后》宣传海报

电影《埃及艳后》中的金色披肩

的时候，曾多次前往罗马康多提大道的宝格丽专卖店。"伯顿会找各种理由和机会为泰勒买珠宝，他永远都知道泰勒会喜欢什么。"宝格丽总裁保罗·宝格丽说："每当伯顿拿起一件珠宝时，他会看看泰勒的反应。空气中似乎有种独特的电流，让他们心灵相通。"

电影《埃及艳后》中的猎鹰头饰

而伯顿送给泰勒的第一件正式礼物是宝格丽的祖母绿及钻石首饰套装，其中的项链是用16颗被明亮琢型钻石环绕的哥伦比亚八边形切割祖母绿串成的。保罗·宝格丽说："我非常骄傲，伯顿给泰勒这件礼物，后来在他们的结婚典礼上佩戴。珠宝是他们爱情的见证。"

理查德·伯顿虽没有像迈克尔·托德那样的深情表达，却将对泰勒的深爱寄托于一件件精美的首饰中，其中不乏卡地亚、宝格丽、蒂芙尼、梵克雅宝等大牌珠宝的经典之作。

伊丽莎白·泰勒

泰勒曾说："我从危难中存活，是上帝恩赐我的奇迹。我必须把上帝赐于我的爱，分享给更多人。"于是，泰勒暮年虽在健康方面频亮红灯，但仍时常坐在轮椅上出席各种慈善活动，捐献出一件件见证她的爱情与幸福的珍贵珠宝，来帮助那些需要帮助的人。这些寄予了她纯洁美好祝福的首饰被精心传承下来，也一并传递了爱与希望的力量，经过千百年而华光不减，熠熠生辉。使我们如今睹物思人，回想起泰勒在荧幕上的一个个经典形象，这位绝代佳人的笑靥与她首饰的高贵都不曾被岁月蒙尘，每每回顾，依旧动人心魄。

祖母绿镶嵌铂金项链 / 戒指 / 吊坠

蒂芙尼耳夹　　　　　泰勒佩戴红宝石首饰套装　　　　　红宝石耳坠

圆锥形圆面蓝宝石戒指　　　Bvlgari 蓝宝石钻石铂金项链　　　蓝宝石与钻石胸针

昨天的梦里，又回到了家门前的那棵老槐树下，可是你有没有将我对你说的秘密讲与别人听。

搭上时光机，赏童趣珠宝

文 / 图：董一丹

在我们的记忆里，童年时光，我们可以无忧无虑地做天马行空的梦。曾经幻想自己是那个沉睡的公主，等待王子来唤醒；也曾经幻想有个属于自己的粉红城堡；我们都曾许下当科学家或者超人的愿望，期待着拯救世界，也曾无比期待着拥有一支竹蜻蜓，因为可以去想去的地方。承认吧，尽管它幼稚，甚至有些白日梦，但它就是你拥有的童年，纯真却果敢的童年。

过去时光追不回，寻找一个特殊的载体，赋予它生命，浸染它情感——珠宝，它们发着斑斓的光芒，就像你那些七彩的梦——就让我们打开童趣珠宝盒，致意我们逝去的七彩童年！

迪奥大象造型戒指

【动物篇】

童年的你，在看似漫长的暑假岁月里，怎能不期望有一只小动物陪伴左右。

Cecilia 猫头鹰项链

Unique 系列异型珍珠吊坠

Tiffany 欧泊蜻蜓胸针

【食物篇】

忆童年，你肯定会懂小时候的我们"好吃的"三个字的重大意义。

如此真实多变的色彩大概就只有善于驾驭色彩搭配的 de Grisogono 可以做到。色彩鲜亮的宝石通过精湛的镶嵌技术统一到一起，还原了西瓜的生动形象。

KennethJay Lane 这颗粉色果冻是不是有让你想一口咬下去的冲动？

【娇艳花朵篇】

我们是祖国的花骨朵，一直都是！

觉得宝石和钻石太昂贵？没关系，塑料花朵也能让你

KennethJay Lane 果冻戒指

deGrisogono Happy Sweet 系列耳环

过一把六一儿童节的童趣瘾。酷似童年拼接的塑料花朵玩具，Marni 花朵吊坠利用彩色树脂，将花朵两两叠加，一大一小层次分明。

小莓果、松果和树叶紧凑地靠在一起，红色鲜亮、绿色清澈、白色纯净，自然气息扑面而来。创意和造型都如此特别的戒指，也是施华洛世奇精品珠宝之一。

Marni 花朵吊坠

【萌物篇】

童年的我们，多多少少会有一些恋物情结，一定会有这样的一件东西，它藏着你的故事，在记忆里徜徉。

由樱桃红与茄紫色共同打造的这款 Marc by Marc Jacobs 黄铜戒指，立体规整的蝴蝶结造型着实令人过目难忘。

Marcby Marc Jacobs
蝴蝶结戒指

尽管脸上稚嫩的面庞早已褪去，尽管我们每天都经历着水深火热般的现实生活，无论岁月在我们的脸上留下怎样的痕迹， 无论你最终如何嚣着"我没有童年，谈何暑假"试问心底，我们的纯真依然存在，它如珠宝般稀有而灿烂。

Van Cleef & arpels 红宝石
隐秘式镶嵌胸针

Trifari 草莓胸针

Swarovski Forest Fruit 系列

突然好想去繁华迤逦的维多利亚时期，去感受正宗的伦敦腔，去看看他们羽毛笔写下的了了心事。

遥想华丽王朝

维多利亚时期珠宝首饰的风格元素

文 / 图：于 帅

　　"维多利亚风格从来不会被人们遗忘。"一意大利珠宝设计师 Franco Elli 说，"它是最能把爱、泪、情、仇、骄傲、羡慕、尊贵写在珠宝上的风格。"这一奢华绚丽而又典雅恬静的风格超越了时空的局限风靡至今，在很多珠宝设计师心目中都有着不可替代的地位。

　　1937 年，18 岁的维多利亚继任女王，并于次年举行加冕典礼。在美国的 Thomas Sully 所绘制的加冕当天情景的肖像中，一位美丽的少女在此刻成为了一位戴着冠冕的女王。维多利亚所佩戴的王冠、项链和耳环尽数来自英国王室的传承，这些价值连城的珠宝作为一种王室遗产，在显示财富的同时也是王权身份的象征。

【花卉枝蔓的艳逸瑰姿】

花朵千姿百态，造型绚丽，得到了维多利亚女王的格外钟情。优雅的花叶枝蔓图案最能体现女性柔美浪漫的气质，于是镶嵌宝石的花卉珠宝便成为了这一时代最流行的首饰样式。

"浪漫时期"是对英国维多利亚前期艺术的称号，新古典主义的思想启发人们从希腊罗马风

紫水晶、钻石、珍珠首饰套装
（维多利亚时期）

格和自然世界中取材设计。维多利亚时期的花卉造型珠宝往往造型细致精美，钻石镶嵌的枝蔓纹饰围绕，大多镶嵌华丽的巨型主石，着重突出典雅绮丽的女性风格。

【熠熠宝石间锦光璀璨】

19世纪80年代，英国在南非开采钻石成功，新式切割工艺也日益精湛，精巧玲珑、

维多利亚时期祖母绿首饰

璀璨耀眼的钻石首饰成为流行。

这一时期宝石种类的开发和运用也极为广泛，各种贵重宝石和半宝石大量出现。大颗璀璨的彩色宝石与大量钻石搭配，结合维多利亚时期珠宝独特工艺和优雅造型，成为当时繁荣的英国社会兴起的浪漫奢华风尚。

彩色宝石和钻石的结合使得珠宝变为前所未有的精致玲珑，宝石交织产生了类似蕾丝的装饰效果，充分展现了女性的妩媚多姿的风情。

【浮雕首饰的纷华梦影】

在饰品上雕刻人像起源于古罗马及古希腊时期，在18世纪欧洲也有所发展。浮雕

首饰也是维多利亚女王的珍爱，浪漫唯美的造型一经女王佩戴，很快也成为了人们追随的时尚风潮。

人物侧影立体浮雕是最常见的样式，材质日益多样，吊坠、胸针、发饰等不同形式也纷纷出现。

浮雕如画，画中情境或如夜色般寥落，或如繁花般斑斓，画中人已遗失在前世，只余优美姿态点缀着画外人此生。

维多利亚时期珊瑚浮雕胸针

【怀念首饰中感物思人】

1861年，维多利亚女王的丈夫阿尔伯特亲王去世，此后很长一段时间维多利亚女王都沉浸于悲伤中。这一时期她终日身穿黑衣，首饰也换为黑色。此时很多英军士兵也远赴印度等地征战，英国民众也纷纷效仿，佩戴黑色首饰以寄托对远方亲人的思念之情。

怀念首饰常以煤玉（煤精）为材质，煤精是一种腐木变成的化石。后期也用黑色珐琅、黑色玻璃、硬橡胶代替，并逐渐演化为与钻石或其它宝石的组合设计。尽管怀念首饰的实际意义已逐渐消退，但是在今天看来仍具有沉静凝重的美感。

维多利亚时期头发材质首饰

另具特色的是用头发制作的首饰，维多利亚女王在阿尔伯特亲王死后的40年中都佩戴着有丈夫头发的首饰。用头发制作随身佩戴的首饰，意味着头发的所有者和首饰的持有人紧紧连在了一起，用来表达对生者的爱或对逝者的纪念。

【曼妙灵蛇的优雅魅惑】

蛇形图案也是流行于维多利亚首饰的装饰主题，神秘的姿态具有摄人心魄的力量。维多利亚女王喜爱蛇的忠诚、智慧、永恒的象征意义，相传她的婚戒也是一枚镶满祖母绿的蛇形戒指。

蛇形手镯是维多利亚女王偏爱的样式，在首次议会上，她就佩戴蛇形手镯为自己

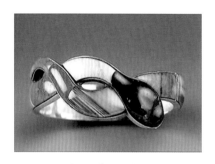

绿松石、钻石镶嵌蛇形配件
（维多利亚时期）

首尾相接的蛇造型
（维多利亚时期）

增强信念，期待赋予自己治理国家的智慧。

维多利亚女王一生热衷于收藏珠宝，并对珠宝有着卓绝的欣赏品位。在长达 64 年的统治时期里，她选择的珠宝首饰往往一经亮相就赢得了公众的青睐，引领时尚并影响整个社会的审美方向，形成了 19 世纪维多利亚时期珠宝风格。维多利亚女王名字所代表的那个浪漫美好的时代已日渐遥远，而维多利亚风格的珠宝光芒却从未黯淡。

维多利亚时期胸针

维多利亚时期胸针

维多利亚时期石榴石胸针

维多利亚时期黄金花束头饰

一个王朝的使命结束了，但是由它开始的珠宝的梦境还在继续。

揭开唐顿庄园的优雅面纱
领略英伦珠宝风情

文 / 图：董一丹

　　1912 年 4 月，东升旭日，照耀着唐顿庄园——这栋坐落于华美园林中富丽堂皇的宅邸。如此宁和的景象让人感到它所象征的生活方式似乎将再持续千年。剧中每处都渗透展现着 20 世纪之初，瑰丽磅礴的英国时代风情，而奢华精美的珠宝首饰堪称是波澜壮阔的历史剧中最灿烂夺目的点睛之笔。

　　珠宝是最能展现时代美感的尤物，它神奇的魔力让人们的眼睛充满爱意。在英国，珠宝首饰是奢侈品文化的直接体现，它背后所蕴含的人文价值更值得人们研究歆羡。

爱德华时期珍珠项链　　　　爱德华时期祖母绿头冠　　　　爱德华时期钻石胸针

正统严谨的皇家风范、历史的积淀和深厚的文明赋予了英伦珠宝独一无二的华贵风范。每件珠宝都与他的主人共同经历着时代的喧哗，使人感受到文化交替所带来的时代变更。

《唐顿庄园》所处年代的珠宝配饰风格，正从维多利亚风格开始逐渐转型，撤除了后维多利亚时代的繁复雍容的华贵之风，取而代之的是明朗圆润元素构建的温婉清新之风，工艺的进步和材质的精良也让爱德华风格的珠宝更加生动流畅。

剧中的珠宝主要由家族中的三代女人的演绎得以呈现。由于时代背景不同、出身地域不同，三代女人所佩戴的珠宝也风格迥异。

无论是奶奶 Violet 雍容繁复的维多利亚时期首饰，还是外婆典型的 ArtDeco(装饰艺术) 风格首饰，亦或是 Crowley（克劳利）三姐妹所代表的爱德华风格，都装饰了唐顿庄园的衣香鬓影，沁人心弦。

维多利亚时期王冠

为了衬托色彩丰富的服装，奶奶 Violet 珠宝首饰多以单冷色调为主，造型庞大、线条繁复，多采取唯美的花叶枝蔓、飞鸟、藤蔓、稻麦、蝴蝶、神话飞禽、古典浮雕构成的设计主题，典型的维多利亚时期的珠宝首饰。

外婆所佩戴的珠宝首饰多以夸张的造型和色彩

唐顿庄园剧照

装饰艺术时期珠宝首饰

鲜艳的宝石为显著特点，实为 ArtDeco (装饰艺术) 主旨体现。当她在大小姐 Mary 大婚之前彩色旋风式出场时，美国贵族阶级的开放姿态和上流社会形象立刻扑面而来。

唐顿庄园中三姐妹的母亲坷拉夫人是当时带着丰厚嫁妆嫁给英国贵族的美国小姐的典型代表，她的大部分首饰来源于奢华的嫁妆，头冠也是如此。

三姐妹是爱德华时期珠宝首饰的忠实拥护者。纤细精巧的饰品，低调轻奢华的品质，掀起了贵金属领域清新贵族的崛起——铂金。三姐妹拥有英国人白皙冰冷的肌肤，高贵气息尽显。

《唐顿庄园》之所以风靡全球，深厚的文化积淀是其成功的关键。森严的社会等级，细致入微的礼仪，以及奢华的服装珠宝，使我们切实感受到英国一百年前的生活。

经典是永恒的流行，正如这些曾经闪耀遗世的珠宝首饰一样，再一次掀起阵阵复古浪潮，迷倒众生。下面，为大家介绍英伦复古风格珠宝的四个典型首饰特征：

爱德华时期皇冠

【头冠】

几任英国女王掌管国家命运，她们对珠宝的追捧促使了珠宝行业的繁荣，而皇室也认为皇冠作为高贵的珠宝，象征权力和尊严。贵族则多着头冠出席各种重要场合。随着时代的变化，头冠款式越发简化，并且工业气息渐渐显露。

《唐顿庄园》第三季 Lady Mary 嫁给 Matthew 时所戴的乔治亚风格花环钻石头冠，用密钉镶嵌

佩戴首饰的坷拉夫人

宝诗龙（Boucheron）钻石铂金发带（1910 年）

总重约为 45 克拉的老式切割钻石，均用银托镶嵌并固定在黄金底座上，精巧华美。另外此款头冠可拆分成两件胸针。

【珠宝发带】

20 世纪初，发带成为女性钟情的饰物。人们相信绑上发带后，其施于头部的压力有避免或减缓头痛的作用，便将这一服饰上的流行元素转化为珠宝，多以铂金镶嵌钻石或彩色宝石。

【珍珠元素】

珍珠作为优雅的代名词，受到英国王室的极度宠爱，使其大量运用在英伦风珠宝中。而爱德华时期的珠宝仿佛被赋予迷人的魔力，将钻石、铂金、珍珠巧妙地结合在一起，尽显低调奢华。

【浮雕首饰】

浮雕宝石是维多利亚女王的珍爱，亦成人们追随的风潮。后人尝试以化石、象牙、骨瓷等不同材质体现雕刻的人物侧影浮雕。

正如剧中格兰瑟母伯爵说道："我们做了一场梦，亲爱的，但是现在结束了，战前整个世界都活在梦里，但是现在醒了，挥别了过去，我们也必须如此。"战乱过后，英国人的贵族梦渐渐苏醒，但是他们却正在为我们描绘着一场优雅至极的珠宝梦幻。唐顿庄园的首饰之旅正如一场梦镜，伴着万种风情，愿长醉不复醒。

珍珠钻石胸针

维多利亚时期浅浮雕镶 K 金胸针

今天的天气就像跟我们开了一个玩笑，但这正是生活的意义吧，五彩斑斓的日子才丰富。

宝石界的"魔术师"与设计师的"变色游戏"
——10 月生辰石：欧泊

文 / 图：张 格

　　"当自然点缀完花朵，给彩虹着上色，把小鸟的羽毛染好的时候，她把从调色板上扫下的颜色浇铸在欧泊里。"杜拜曾在《马耳他马洛的珍宝》中这样写道。莎士比亚也将欧泊称为宝石中的王后，是拥有神奇魔力的"魔术师"，可以装载情感和愿望带给拥有者美好的未来。欧泊的多姿多彩吸引着世人追寻美好生活的目光，被誉为十月的生辰石，是希望、纯洁与快乐的象征。

　　究竟是怎样的梦幻色彩赐予欧泊如此神秘的面纱呢？那么就请跟随我们走进这奇

幻的变彩世界吧!

欧泊在公元前200~100年间就被用作珍贵宝石。公元之初的古罗马学者普林尼(Pliny)就把欧泊描述为"红宝石的火焰色,紫水晶的亮紫色及绿宝石的海绿色,这些不同的色彩不可思议地联合在一起发光。"

很多皇室贵族都喜爱欧泊,如法兰西第一帝国皇帝拿破仑的皇后约瑟芬就有一款"燃烧特洛伊"的欧泊项链。英国维多利亚女王买了很多欧泊珠宝送给她的五个女儿。1954年,澳大利亚政府将"爱

维多利亚女王

多姆克欧泊"(重205克拉)镶在项链上送给了英国伊丽莎白女王,这个项链也被称为"女王的欧泊"。

之所以称欧泊为宝石界的"魔术师"是因为她美轮美奂的变彩效应。变彩效应是欧泊独有的一种特殊光学效应,是光在欧泊的特殊组成结构中发生衍射和干涉而产生的现象。在欧泊宝石的内部,可以看到彩虹般多彩的色斑,随着欣赏角度的不同,每块色斑还会随之呈现出变幻的色彩。

欧泊裸石

变彩效应使欧泊如天空中的霓虹幻化,瑰丽动人、妙不可言。每一块欧泊都具有独一无二的变彩效应:有些欧泊以蓝绿色变彩为主,如静谧的湖水与葱郁的森林相伴,深邃优雅,可以衬托出女性高贵娴静的气质;有些欧泊具有丰富的光谱色变彩,华丽闪耀,象征着缤纷的梦想与希望;有些欧泊的变彩色斑密集而细小,仿佛星空一隅;有些欧泊的变彩色斑交织如画,如同莫奈的画作。

正是这如梦似幻的变彩效应赋予了欧泊"集宝石

之美于一身"的独特魅力。变彩色斑的明艳程度、大小、多少、厚度、颜色范围、组成图案形成对欧泊变彩的综合评价。

MATZO PARIS 臻彩部落风系列

高质量的欧泊应变彩均匀、完全，无变彩的部分越少越好。变彩色斑颜色依蓝、绿、黄、橙、红其价值逐渐增高，颜色越丰富越好，越明亮越好。转动宝石观察，变彩色斑的颜色变化越鲜明、对比越明显，欧泊的价值越高。

法国老牌珠宝巴黎美爵 MATZO PARIS 秉承一贯的艺术风格，珠宝大师俘获到大自然独特的光彩，像一个色彩大师般精挑细选且准确描绘出这些美艳的宝石——欧泊及珍珠。这些珠宝相映成辉，表达出草木葱翠般迷人海湾的感觉，而这种轻盈而又浓郁的感觉正是巴黎美爵想要凸显的耀眼女性魅力。

Xochimilco Garden 系列

Van Cleef & Arpels 高级珠宝

Xochimilco Garden 系列造型十分诡异，蜥蜴与花朵，简直就是爱丽丝仙境的翻版！

最特别的一枚宝石——100.11 克拉的非洲埃塞俄比亚黄色蛋白石，它完美地再现了美国西海岸的落日余晖。

华美的孔雀翎羽造型，炫彩的欧泊宝石，衬托出设计师那颗热烈而躁动的内心。

象征成长与蜕变的蝴蝶一直是让女性所钟情的元素，或许我们都曾有过化茧成蝶的梦想，漂亮的蝶翼滑过美丽的弧线，抖落一地的芬芳。蝴蝶造型的黑欧泊代表着自由、充沛的生命力和热情勇于尝试的精神，使佩戴者犹如身穿艳丽彩衣的蝴蝶，在

Lily Rose 高级珠宝套装

Cartier 欧泊项链

Beatuy Butterfly—— 蝴蝶珠宝

花丛中飞舞，不断地寻求终身的至爱。

清冷美丽的欧泊往往会给人一种宁静感，使生活在繁忙都市中的人群得到冷静和平和。将清冷时尚的蓝绿色欧泊完美地镶嵌在繁复多样的银质金属中，让人感受到那源于大自然的宁静祥和。

Stephen Webster 黑欧泊戒指

Dior 黑欧泊手镯

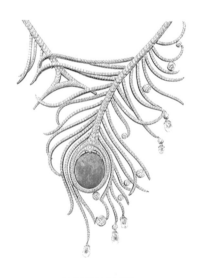

欧泊镶钻石项链

一直对新艺术时期情有独钟，它像一首诗流进了你的生命长河。

诗梦正迷
新艺术时期首饰风格解析

文 / 图: 于 帅

　　新艺术运动（Art Nouveau）兴起于 19 世纪末期至 20 世纪初，涉及整个欧洲和北美地区众多艺术领域。新艺术运动风格也影响了这一时期的首饰设计，并在 1900 年巴黎国际展览中达到顶峰。首饰创作突破了欧洲正统文化的束缚，以材质、工艺见长的传统珠宝首饰为艺术性作品所替代，创造了迥然有别的全新艺术特征。

　　这一时期的首饰设计师推崇艺术性与独创性，精妙的构思体现了高度的创造性，这一特性对于西方首饰艺术的发展与创新具有极为重要的意义。

【自然元素】

19世纪末期，欧洲工业革命陆续完成，机械生产逐步取代手工技术，工业化的快速发展给人们生活带来了巨大的变化。不知不觉，人们在喧嚣都市中开始眷恋以往的宁静生活，对自然和人之间的关系产生了新的思考。

新艺术时期胸针

新艺术时期的首饰倡导自然风格，选择各种自然形态作为设计题材，摒弃传统的装饰手法。首饰设计师们以动植物、花卉、昆虫、女性人体等作为图案素材，却又不完全写实，而是加以简化或夸张变形，以象征有机形态的抽象曲线作为装饰纹样。使首饰作品富有生机活力。

曼妙优雅的花蔓、斑斓别致的昆虫、飘逸灵秀的女性形象等造型成为这一时期的主流，自然形式被赋予了具有象征意义的唯美情调，引导了优雅细腻的审美趋向。

【梦幻氛围】

新艺术风格设计受象征主义哲学影响，在现实世界中构建虚幻色彩，制造神秘联想。藤蔓状卷曲的线条和上宽下窄的基本结构是这一时期首饰造型的普遍特点，产生令人沉醉的梦幻氛围。同时，构图基本打破传统的对称法则，一扫古典宫廷珠宝严谨内敛的沉闷气息，给观赏者全新的感官体验。

新艺术时期"蜻蜓美人"胸针

"蜻蜓美人"胸针是法国艺术家 René Lalique 的经典作品，也是最具典型性的新艺术时期首饰。主体雕刻一位微闭双目的少女肖像，双臂设计成蜻蜓双翼，下半身则为蜻蜓形态。灵动的造型配合精湛的工艺，使这件作品焕发出迷人光彩。整体的蓝绿色调使这位柔美女性增添神秘气息，蜻蜓和女性两种造型样式完美地融合到了一起，营造了一种使人无限遐想的梦幻世界。

【婀娜曲线】

新艺术时期的首饰设计从自然形态寻找灵感来源，运用了大量具有自然特色的曲线装饰元素，表现出清新柔美的唯美风格。柔软飘逸的线条起伏变化，具有运动感和丰富弹性，成为新艺术时期首饰形式美的基础。

新艺术时期珐琅吊坠

新艺术的线条充满想象力，生动流畅的曲线塑造出舒缓优雅的气韵，如同花朵慵懒伸展的枝叶，又仿佛蝴蝶翩然摇曳的触须。恰似火焰与波浪般的曲线顾盼生辉，流动而富有生机，探索着一种崭新的艺术风格。

【创新材料】

新艺术时期胸针

新艺术时期发饰

新艺术运动发生在工业革命新旧交替的转型时期，也为艺术创作提供了更多的探索和尝试，泛材料的运用和首饰时装化在这一时期初见端倪。新艺术时期的首饰设计师大胆地运用新材料，玻璃、珐琅、牛角、畸形珍珠等非贵重材料带来了全新的创作灵感和无限的潜在可能。

这些材料都具有利于加工的特性，适于表达曲线效果的柔软气质，具有浓郁的装饰氛围。玻璃、珐琅的艳丽色彩与金属的雕刻铸造完美结合，呈现出唯美梦幻而具有活力的艺术气息。

新艺术运动的先驱们在装饰上突出表现曲线、有机形态，而装饰的灵感基本来源于自然形态，把自然形式赋予一种有机的象征情调，以运动感的线条作为形式美的基础。那些蜿蜒流动的线条，鲜活华美的纹彩使得珠玉宝石获得了奇异的生命力。

中国的历史流转了几千年，但总有些老工艺一代又一代保存下来，在那敲敲打打中透着对生命的呐喊。

中国古代珠宝工艺几宗"最"

文 / 图：董一丹

中国古代工艺一直以静谧的方式记录着我们辉煌灿烂的华夏文明，而珠宝工艺以其特殊的方式在润物无声的古代工艺史中开出一朵花来。它们携着历史的香气，踏越万径星空，将数千年工艺的精髓展示给我们，将数千年工艺的故事诉与我们听。

珠宝玉石一直以来都是大自然抚慰人世间的精灵，而珠宝工艺自然是那双最灵动的翅膀，他们或苍劲、或旖旎，可传统，亦华丽。不知各位看官可否真正阅读过它们的美。下面，就让小编带领你们细数中国古代珠宝工艺的几宗"最"吧。

【最博雅的工艺——玉雕】

自古至今,人们借玉抒情怀,言壮志,美玉人生好不乐哉!独具中国韵味的玉文化也使玉雕成为具备政治、宗教、道德、文化、财富等内涵的特殊艺术品。玉雕成熟、昌盛于封建社会,产生过无数能工巧匠,也成就了无数精美作品。透雕、圆雕、浮雕、镂空等数种工艺自成系统。

无论是汉代的古朴,还是明清的精美奇巧,每一件玉雕作品特有的美感、情趣、风格、价值,都是不可多得的财富。

汉代和田玉马

【最华丽的工艺——花丝镶嵌】

花丝工艺又称为细金工艺,始于商代,是将金、银、铜等抽成细丝,再通过堆垒、掐丝、编织等工艺进行造型,镶嵌各种珍奇珠宝。明清时期,花丝镶嵌首饰专供皇宫,被誉为燕京八绝之一。花丝镶嵌工艺用料珍奇、工艺繁复,是我国奢侈品的传统工艺之一,现已被列为国家级非物质文化遗产。

花丝镶嵌首饰展现出了金丝缠绕,繁复华丽的艺术效果。

白玉蝶纹喜字佩

【最古朴的工艺——錾刻】

或许是金属独有的敲打声,总让人联想到我们千百年来人们的辛勤劳作。而在这千百年间,江山一代又一代,錾刻工艺的古朴气息却依然留存。錾刻工艺的历史比花丝工艺更为悠久,始于春秋,盛行于战国,錾刻纹饰的制作手法以錾刻、镂雕为主。

花丝镶嵌金翅鸟造型摆件

铜鎏金錾刻龙纹令牌(明)

清代御制镂金嵌宝石莲花生
大师金螺

点翠头冠

錾刻工艺技术难度大，对操作者有较高要求，故学此艺者不多。历史上錾刻工艺的传承，多以师傅带徒弟形式出现。而由此产生的"老银"文化和少数民族錾刻工艺也因其文艺气息吸引着人们的眼光。

【最鲜活的工艺——点翠】

点翠是我国传统的金属和羽毛工艺的完美结合，翠鸟的羽毛根据部位和工艺的不同，可以呈现出蕉月、湖色、深藏青等不同色彩，羽毛以翠蓝色和雪青色为上品，加之鸟羽的自然纹理和幻彩光，使作品富于变化，富丽堂皇又不失生动活泼。点翠工艺首饰已然成为中国古代珠宝首饰的代表之一。

作为中国一项传统的金银首饰制作工艺，由于其制作工艺复杂，制作原材料稀缺而导致点翠成品非常难以保存。现代所见的点翠工艺饰品绝大多数都是清代流传下来的精品。

点翠工艺首饰在古代宫廷题材电视剧中非常常见，因而引起人们的广泛关注。

【最繁复的工艺——景泰蓝】

景泰蓝又称"铜胎掐丝珐琅"，明朝景泰年间盛行，专供皇宫贵族享用，施珐琅釉

铜胎掐丝珐琅碗

多以蓝色为主，故名"景泰蓝"。景泰蓝的生产工艺集美术、工艺、雕刻、镶嵌、冶金、玻璃熔炼等技术于一体，其工艺精细复杂，经过设计、制胎、掐丝、点蓝、烧蓝、磨活、镀金等 10 余道工序才能完成。

古代烧蓝工艺头饰

用景泰蓝做成的珠宝首饰因其丰富的图案与艳丽色彩而流行。如今的景泰蓝作品，在传统中融入现代元素，成为了我国最传统的出口工艺品之一。

北海公园九龙壁烧蓝效果

【最恢弘的工艺——烧蓝】

烧蓝工艺，盛于清代，是金属制胎工艺与点蓝施色工艺相结合的一门艺术。通过在银质胎面上通过磨压、焊接掐制银花丝等技术制成图案，在图案中点蓝、烧蓝，最后形成颜色艳丽的透明银蓝，通透灵动。

因其颜色特点，烧蓝工艺在建筑中应用广泛。北海的九龙壁也是烧蓝的杰作，九龙壁中颜色不同的巨龙就是烧蓝工艺特有艺术效果的完美呈现。

有别于点翠工艺的鲜活明媚，烧蓝首饰单色层次丰富，颜色清透沁雅。用烧蓝工艺制作的珠宝首饰盛行一时。朝朝代代，烧蓝工艺用纯净的调子素描着喜怒哀乐。

关于工艺的那些小众词汇，大家看不懂也不要惊慌，或许就是某些失传工艺的一

铜鎏金花卉纹抱月瓶

锤揲工艺耳饰

累丝工艺金簪

种哦！小编列举一些专业词汇，大家快快学起来！

● **累丝** 将金拉成金丝，然后将其编成辫股或各种网状组织，再焊接在器物上，谓之累丝。也称"累金"。

● **锤揲** 利用金、银极富延展性的特点，用锤敲打金、银块，使之延伸展开呈片状，再按要求造成各种器形和纹饰。

景泰蓝胭脂盒（右）

● **鎏金** 近代称"火镀金"。系将金熔于水银之中，形成金泥，涂于铜或银器表面，加温，使水银蒸发，金就附着于器表，谓之鎏金。

● **错金银** 亦称金银错。先在青铜器表面铸成凹槽图案，然后在凹槽内嵌入金银丝、片，再用错石（即磨石）错平磨光，利用两种金属的不同光泽显现花纹，谓之错金银。

错金银狩猎纹镜

● **炸珠** 将黄金溶液滴入温水中会形成大小不等的金珠，谓之炸珠。炸珠形成的金珠通常焊接在金、银器物上以作装饰，如联珠纹、鱼子纹等。

中国古代珠宝工艺经历山河更替、历史动荡，却依然闪着荣光，绽放在中国工艺美术的时间长河之中，它们挥挥泥泞，携着历史的香气，踏越了万径星空，款款地展现在世人眼中，而我们能做的，则是在欣赏美的同时，让美丽绽放得更加持久。

思维的碰撞，有时也能迸发诗意。

思维的碰撞
首饰也能玩跨界

文 / 图：顾旭楠　苏子钊

　　陶瓷是陶器和瓷器的总称，它的发明和发展对于作为四大文明古国之一的中国具有独特的意义。早在欧洲人掌握瓷器制造技术一千多年前，中国就已经制造出很精美的陶瓷器。英文中的"china"既有中国的意思，又有陶瓷的意思，清楚地表明了中国就是"陶瓷的故乡"。

　　然而素雅优美的陶瓷穿越过时间的漫漫长河，经过设计师们的奇思妙想，结合不同的技术与造型，让陶瓷这一古老的材质有了新的生命与光彩。

西班牙 Lladró 陶瓷公司的
小鸟陶瓷首饰系列戒指

Deimante 银镀金材质陶瓷长链

西班牙陶瓷公司 Lladró 的作品，除了设计经典陶瓷雕塑礼品，他们又将创作的领域延展到了首饰，依然体现了精湛的工艺和恬静的气质，美不胜收。系列作品中洁白柔和的陶瓷小鸟在金属材质的枝杈上或静卧或展翅，活灵活现的形态结合陶瓷与金属的材质不禁让人大赞设计师的奇妙创意。

而来自立陶宛的 Deimante 艺术工作室则赋予陶瓷不一样的表现形式，他们利用陶瓷材料的可塑性将美食作为元素运用到首饰的设计中去，用银镀金的材质，做到将美食戴在身上。当你看到这些小巧精致的"甜点"时，会不会忍不住想咬上一口呢？

在陶瓷上彩绘也许在各位看来没有什么新意，乍一听也许和创新、设计没什么联系，但就是陶瓷与绘画这一组看似平常的组合，却往往能给人以惊喜。澳大利亚的 Goldenink 工作室的创始人 Abby Seymour 和 Katherine Wheeler 一直着力于给陶瓷材质的首饰以光洁古朴的造型搭配独特风格的手绘。由于是纯手工制造的产品，Goldenink 一直保持着产品独一无二的原创性。

IF·U 是一直坚持用陶瓷材质的国内首饰品牌。将不同的色彩运用到陶瓷首饰中去，

Goldenink 彩绘陶瓷戒指

Goldenink 彩绘陶瓷戒指

IF·U 陶瓷材质戒指

IF·U 陶瓷材质耳钉

Re-circle 陶瓷材质项链

是 IF·U 的一大特色。再配以简单趣味的造型，每一件首饰都散发着恋爱般的甜蜜气息。"将'可能'戴在身上"是他们的作品理念，每每看到这样的首饰，都会让人心情大好。

人性化对于首饰来说，除去在结构上使人体佩戴舒适，设计创造的成果也要充分适应和满足人的需求。这间名为 Re-circle 的工作室不单单赋予陶瓷首饰造型与颜色，更将人性化的一方面展现在首饰设计中。她们在陶瓷首饰中设计出空间，让用户自己将废旧材料如旧杂志、绳子和布，裁成条、卷成卷，填充于孔洞中，通过这种形式来延续他们的记忆。并将陶瓷首饰设计成可佩戴的小花盆，植物生长于指间，勃勃生机打破了陶瓷冰冷的质感，独特又有新意。

说到中国韵味，也许陶瓷本身就能代表着中国人的高洁儒雅，而陶瓷首饰艺术家宁晓莉的作品，如山水画般清逸，不着浓墨重彩却让人过目难以忘怀。宁晓莉的作品多与白银结合，用薄薄的银片塑造出枝叶，陶瓷做花朵，花蕊处白银点缀宝石，枝枝蔓蔓间，瓷花绽放。

从古至今，以"首饰"身份出现的陶瓷，对于很多人来说都是闻所未闻，前所未见的。陶瓷被做成了首饰，这等稀罕事让人感到很新奇。这白可以如雪、青可以似玉，又或是用来制作瓶瓶罐罐的陶瓷做成的风格迥异、各有特色的陶瓷首饰，必然能打动我们的灵魂；经历时间的磨砺、风格的变迁，成为精神瑰宝，凝聚文化与艺术的精髓，成为了超越时空的永恒。

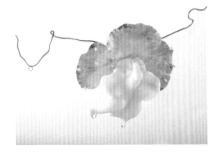

褪红系列挂件

汉字用无声的的方式倾诉了几千年的喜与忧，希望你懂它的欢喜。

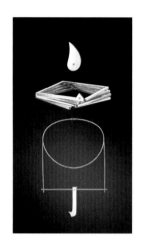

可以佩戴行走的传统文化
汉字和书法与首饰结缘

文 / 图：刘畅

　　书法的魅力在于集外在美与内在美于一身。汉字的形态特征即为外在美，是一种形式美；书写的气韵与力劲则为书法的内在美，内在美与外在美的相互融合赋予了书写文化生机与活力，即所谓书法家笔墨端的"气质"。

　　书法的苍劲有力，气势磅礴，每一笔都包含着不同的"气质"，每个笔画组成的汉字都是独一无二的，这正与大家对珠宝独一无二的追求相吻合，每个消费者都希望自己佩戴与众不同的首饰，从而体现个人独有的个性与品位。

以黑玛瑙衬底，成就玫瑰金行云流水般的挥毫，流畅的笔触使得整幅作品大气雅致，将《兰亭序》意境之中的墨气、神韵、笔法，以珠宝的形式表现的淋漓尽致，将中国书法的独特魅力用唯美的手法来演绎！

翩若惊鸿，婉若游龙。"仿佛兮若轻云之蔽月，飘飘兮若流风之回雪。"

以上作品让人联想到 2010 年 11 月 TTF 公司在深圳举办的首个独立设计师作品展——"汉字及书法首饰设计作品展"，见证了汉字及书法与首饰的完美结合。

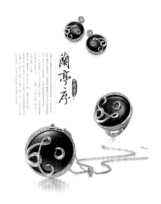

《兰亭序》
TTF 作品

《龙》
许二建作品

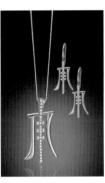

《凤》
许二建作品

《寿》
许二建作品

《道法自然》
杜半作品

《龙》作品将龙字抽象化，在有龙字大概形体的同时又表现出笔划形态，看起来恰似中国的窗花，外边又以圆和方形围绕，体现出了字体的规则造型特征。

《凤》作品整体造型与古代青铜铸造的酒杯非常相似，达到字与形的完美结合，简洁明了，意味深长。

《寿》作品整体采用对称美的形式打造首饰，寿字纹的运用使整套首饰显得更加庄重而大气。

《笔画艺术》　　　　《家国系列》　　　　《上善若水》　　　　　《鱼》
吕洁琪作品　　　　　苏洁锋作品　　　　　杜半作品　　　　　叶志华作品

《道法自然》作品中布纹的褶皱与笔画的自然洒脱浑然一体，金属的肌理效果非常动人。

《笔画艺术》将书法中的字体笔画进行重新排列组成新的图形，笔触之间的衔接自然流畅，排列均匀，整体看来形成了镂空的效果，因此该套首饰外形看似简单，实则花费了设计师很多心思。

《家国系列》借用书法家怀素草书笔迹——"家""国"进行设计。整体采用圆形并用黑色材质打底，金色字体在上面与之形成强烈反差对比，强烈的视觉冲击力，巧妙地体现出设计师的思想。在整个设计过程中，设计师运用弧形线条和圆形符号进行装饰，将草书的轻巧潇洒、笔画的柔美灵动表现得淋漓尽致，和谐柔美。

《意在其中》谭明汇作品

《上善若水》圆润灵动的笔触在洁白玉石的衬托下更显玲珑剔透之美，惟妙惟肖，栩栩如生。白玉和金色的鲜明对比，油脂光泽和金属光泽的明显对比，完美突出了金属笔画的形态与质感。

《鱼》富有现代感的同时，生动形象地将笔画拼接组成象形文字——"鱼"。

《意在其中》将"中国"的"中"作为创作原形，与中国草书的笔风共飞舞，使其成为一款全新的独具中国书法魅力又充满美感内涵的文化饰品。

【个人创作实践】

作为一名学习珠宝设计的研究生，从小对汉字与书法文化颇感兴趣，因此小小创作几套有关汉字与书法的首饰作品与大家分享，欢迎读者多多指教。

《花中魅影》以中国传统服饰——旗袍为载体，使用柔软材质的绢布来体现女性的柔美。耳钉的下端绢布犹如真丝手绢，戒指的形态犹如精巧的折扇，将行书的形态美作为纹理图案加入其中，使其整体尽显古典韵味。

《墨晕飘香》以荷叶为设计元素，将荷叶的纹路与书法中的笔画（象征笔墨形态）相结合，由中间向四周扩散，体现出墨迹的晕染效果，荷叶的层叠加上珍珠，犹如花卉般美丽。

《花中魅影》

《墨晕飘香》

《卷轴》

春天悄悄地在溜走，可不可以放慢你的脚步，我想用特别的方式，再多留一点你的气息。

封绡一点春无已，几度花开不减红
南红玛瑙（下）

文 / 图：潘 羽

典籍，书页泛黄，博物馆，交情深厚，我们守候着一周一次的鉴赏节目；面对装修奢华的店面，琳琅满目的品种，我们记下专家每一句福至心灵的点评；于万千首饰中，选中珍爱的您，却说不出服饰搭配的原因，却说不出我们赞许的工艺，却说不出南红的魅力。

——南红爱好者的 999 封情书

我们谈过产地，您记得吗？甘肃有迭部，云南看宝山，四川选凉山（联合、九口、

樱桃红项链

瓦西）。我们还谈过颜色，您记得吗？锦红、柿子红、樱桃红……傻傻分不清。勉勉强强地通过了前两关，我们站在第三道大门前：市场。"学有所成"的我们满怀信心地冲向前去，满以为店面上是罗列得井然有序的艺术品，不想迎接我们的几乎全是南红玛瑙珠子。

细分一下，南红玛瑙饰品大致有戒面、珠串和挂坠三大类：戒面通常采用高品质南红，有时会有特殊包体形成特异纹路分布其中；种类最为繁复的则当属珠串，现今市场上圆珠、算盘珠、桶珠大肆瓜分市场，已成鼎立之势，或是自相搭配的 108 颗佛珠，或是与青金、绿松、蜜蜡等相互照应，或与吊坠相结合；挂坠亦是炙手可热，不论是大自然的鬼斧神工，还是雕刻师的匠心独运，都让人啧啧称奇。听了这些名头是不是有些迷糊？没关系，我们从戒面开始。

● **戒面** 首选属颜色，颜色位于尺寸与重量之上。

● **注** 女性适合选择色泽鲜艳、润度好的樱桃红；不同于女性的柔美，柿子红更能体现男性的沉稳与厚重。

● **圆珠** 南红玛瑙最普遍的成品。自清朝朝珠从藏区引进，三通、背云、佛头、佛嘴、坠子等一发不可收，一般都具有形制规整、圆形周正、抛光程度高、极少出现白芯。

南红手串

佛珠略显庄严，我们来换小清新风。南红圆珠还可作为手串进行搭配，青金石、绿松石、蜜蜡、小叶紫檀等多种材质信手拈来。

南红单看太扎眼，小叶紫檀来压惊，青金、南红和蜜蜡，红花还需绿叶配。

南红佛珠串

南红珠串   桶珠和橄榄珠

有人说，简洁就是美。此外……还得看搭配。

●**算盘珠** 曾红极一时，因"算盘一响，黄金万两"而为人们所喜爱。所谓算盘珠，即是仿照算盘的珠子制成，因可避开裂纹而普遍以保山南红玛瑙和联合料为原料。优质的算盘珠，不仅选取上等原石，在工艺和形制上同样考究。小尺寸的算盘珠可当配珠或隔片，搭配起来有模有样。

流传下来的自然少不了勒子，形制多为圆柱形（桶珠）和橄榄形（两头细，中间粗），可与其他材质相搭配，作玉饰挂在胸前或腰间，还可作为顶珠或与圆珠相搭配哦。

勒子里最小的可做配饰，亦可互相搭配成手串佩戴，精致可爱深受女性喜爱。

红的刺眼了不是，我们让其他颜色穿插其中：

冰地飘花的南红挂坠，冰地纯净，花纹清晰，雄鹰展翅翱翔九天的壮阔情景极富表现力。

戒面和珠串的欣赏暂时告一段落。时光回溯，那时候只有保山南红，大型雕件千金难求。如今，

冰地飘花

凉山南红填补了空缺，南红雕件步入我们视野。

好工配好料，好的工艺能化腐朽为神奇，将不完美进行掩藏或利用，配合南红的质感因材施艺的巧雕，常使得雕件返朴归真，令人眼前一亮。

南红雕件美归美，我们依旧只会看不会买，不会评价。小编在这儿给您支个招，南红玛瑙雕件我们这样看：

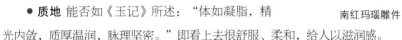

南红玛瑙雕件

● **质地** 能否如《玉记》所述："体如凝脂，精光内敛，质厚温润，脉理坚密。"即看上去很舒服、柔和，给人以滋润感。

南红雕件《蝶恋花》

● **颜色** 考量红色的纯度与饱和度。根据个人喜好可选取不同纯度和饱和度的雕件，发闷或带有黑色与"干红"（即不滋润）则会影响南红的价值。

● **俏色** 如作品《蝶恋花》，蝴蝶比例恰当，牡丹栩栩如生，将白色的部分化为蝴蝶与花，在依料赋形的基础上，依色赋形，使作品形色相依。若与自然形态相吻合而富有情趣，方为上品。

● **完整度** 裂纹越少，完整度越高的作品，价值也越高。

● **体量** 越大越稀有，即使是圆珠，直径大 1mm 亦可有 3 倍身价。

● **雕工** 其重要性有时要超过颜色。"玉虽有美质，在于石间，不值良工琢磨，与瓦砾不别"，精雕细琢方显艺术价值。

小编替您总结一下，质地温润如玉，颜色红艳灵动，完整性好，体量大者佳，雕刻工艺也不容小觑，极富表现力的作品往往能掩饰作品瑕疵，提升品级。

从未知到了解，从了解到喜欢，从喜欢到热爱，这就是我们对每一个珠宝人的希冀，不知您看了是否觉得南红玛瑙又亲切了几分。

我可是你手中的那一朵鲜花，是不是你心中的一点红，是不是有着珠宝般的闪耀。

我可是你手中那一朵鲜花
春夏花季珠宝大赏

文 / 图：董一丹

　　五月的空气已经溢满了温柔，长情的蓝天和海已经开始连成一片；五月的莺莺燕燕开始实现他们幸福生活的伟大梦想，鲜花开始摇曳曼妙的身姿，向世间吐露着帧帧深情。百花开放的好时节，自有明媚的珠宝相配，那些耀眼的石头吟唱着："我可是你手中那一朵鲜花。"深情地走向我们，肆意地绽放。

　　设计师似乎深谙女人对花朵的宠爱，让花饰成为了珠宝永恒的设计主题之一，他们用最璀璨的珠宝为女人们雕琢出永不凋谢的花朵。

【爱情的宣告——玫瑰花】

娇艳的玫瑰，流淌着爱神的血液，凝望着世间的爱情，悄悄祈祷着感情的地久天长。Dior 早就把玫瑰的妩媚融入品牌里，浸染在珠宝里，盛放在爱情里。

玫瑰与珠宝相遇，便是浪漫爱情的宣告。Dior 玫瑰舞会珠宝高级定制系列，将各色灿烂的宝石雕琢成爱情的模样，精彩绝伦，繁复华贵，绚烂大气。在 Dior 看来，玫瑰花是珠宝的绝对主角。

Chopard Red Carpet 系列花朵项链

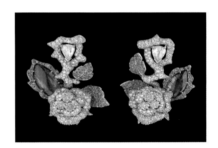

Dior 玫瑰舞会系列

在繁花似锦的珠宝花园里，并不是只有 Dior 深爱娇艳的玫瑰，比起尽情绽放的鲜花，繁华过后，早晨清新毓秀的花蕾更能释放沁人的芳香。肖邦用彩色宝石和钻石为我们勾勒一朵含苞待放的玫瑰花，娇艳欲滴，浅勾淡抹之间，爱情已经开始蔓延。

【感性胜过性感——兰花】

如同西方的玫瑰，兰花在东方释放着感性的气质。安静的它，居于幽幽一处，温婉娴静，盛开着清浅的流年，低吟着藏于心底的旧时光。这段静谧的旧时光被收进卡地亚的兰花珠宝系列，优雅地吐露着芬芳，盛开着属于它的光芒。

在卡地亚（Cartier）的珠宝花园中，兰花

Cartier 兰花首饰

系列成为最值得骄傲的经典款，在卡地亚珠宝工匠的巧手中，翩翩辗转的兰花化身为永恒的自然之花，用云淡风轻的柔情诠释美丽的生命力以及脱俗的美感。

胡茵菲幽兰项链

　　清雅的兰花自古受中国人的喜爱，华人珠宝艺术家胡茵菲就对兰花情有独钟，创作出来"幽兰"系列首饰，将兰花幽幽绽放的姿态描述的淋漓尽致，遗世而独立。柔美翻转的花瓣诉说着世间的佳人情怀，彩色宝石的渐变将花瓣的渐变特征完整地表现。

【魅惑藏于心底——山茶花】

　　山茶花估计是珠宝圈里最著名的一朵花了。没有魅惑的香味，也没有拒人于千里之外的利刺，纯净的白色山茶花沉稳内敛，身上的凛冽足够沁人心脾，这种内敛优雅的气质同样吸引着特立独行的 CoCo 女士。

　　卡地亚山茶花系列珠宝继承了山茶花干净优雅的香气，片片圆润的花瓣凝结着工匠精湛的工艺。无论是 Camellia 系列的低调奢华，还是暖金系列的简约大气，山茶花的暧昧呢喃似乎都能把我们感染，优雅独立地，存在着。

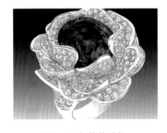

Chanel 山茶花戒指

　　卓越的镶工与完美的花朵设计，闪耀着钻石光辉的花瓣、质感十足的花卉纹理，巧夺天工地将大自然花卉的娇柔细致给出了完美诠释。这也是胡茵菲 Enchanted Orchid 馤香兰系列珠宝带给我们的感受，纵使宝石再灿烂，但它终究是属于兰花的，她的根是清净的。

　　如果说下雨天和巧克力相配，那么在连空气闻起来都格外温柔的五月，自然是明媚缱绻的珠宝更般配。五月，阳光会微笑，珠宝格外灿烂。五月，花儿会舞蹈，花朵般的珠宝盛着满满的爱意肆意绽放，温柔的五月，请带上明媚的珠宝，唱歌吧，跳舞吧，相爱吧！

在历史长河中，人不是唯一的载体，动物用它自己的方式记录着历史的变迁。

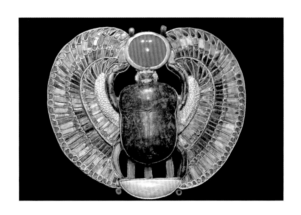

Beauty and the Beast I
历史长河中的动物珠宝

文 / 图: 仇龄莉

　　人们对自然界的崇拜亘古长存，动物作为图腾现身于不同文明之中。将动物形象运用于首饰既是对图腾的崇拜、对自然和美的纯真追求，又是对动物自身美好品质的赞美。

　　动物珠宝的源远流长，在历史的长河中，我们逆流而上，首先来到华丽而神秘的古埃及时代。

　　埃及，是古老，是深邃，是永恒的诱惑和神秘的遐想。那夺目耀眼的光彩，神秘奢华的气息，历经千年而不减分毫。无论是法老那代表威严和权力的王冠、权杖，还是美艳妖娆的艳后的精美首饰，又或是陪他们沉睡在墓穴中的陪葬品，其中都能见到动物珠宝的身影。

圣甲虫、秃鹫、猫、蛇都是古老埃及崇拜的图腾，其中以圣甲虫为最尊贵华丽的代表。古埃及人用青金石为主体，搭配黄金、松石等制作出精美的圣甲虫珠宝，代表重生和生命力。

森乌塞特二世蛇形装饰

老鹰在古埃及文化中有特殊的地位。老鹰在天上展翅高飞，比所有的人都接近太阳，所以老鹰成为太阳神雷（Re）的化身。具有鹰翅的太阳成为古埃及最普遍的神符。长着鹰头的荷鲁斯是最尊贵的神，所有法老都认为自己是他的化身。

法老额头上的眼镜蛇被看作是魔法无边的女巫，埃及人相信她不会让任何敌人接近国王。眼睛蛇还被描写成太阳神雷的眼睛，她通过喷射火焰和毒液来保护太阳光盘。可以看出，眼镜蛇在古代埃及人的日常生活中经常构成威胁，他们试图通过把它奉为神来使它息怒。

阿蒙涅姆普法老鹰饰

穿梭时空，我们来到古老的印度。精巧繁复，奢华大气，雄浑丰满，沉着庄重是印度珠宝的最美诠释。印度深深受到佛教和印度教的影响，大象、孔雀、猴子、蛇都是其崇尚的动物。用温和敦厚的大象代表了善良和勤劳；用孔雀代表美丽端庄的女子，给人们带来幸福。

"象神"祖母绿项链、耳环

大象在印度民间被视为一种吉祥的象征，同时也是印度形象的代表。大象是最有记忆力、毅力和友善的动物，很重义气。凡有意祈求事业顺利的人们，都喜欢预先礼敬及祈求"象神"的支持。因为它是命运之神。

孔雀项牌

"印度民族之鸟"孔雀，美丽、聪敏、端正、机警，它是一种象征吉祥如意的幸福鸟，深受印度人民的喜爱。印度人民爱把孔雀与神联系在一起，认为孔雀是圣洁的鸟，奇异的鸟。据佛经记载，佛教的创始人释迦牟尼说教时，常用孔雀作比喻。

古老的中国屹立在世界的东方。与西方不同，不论时代如何变迁，中国珠宝总是偏爱着那些存在于人们美好想象中的神奇生物。

具有传奇色彩的龙从水中奔腾而起，决意进入天庭，天帝欣赏它无畏的勇气，并未惩戒它大胆的行为，反而赐予它永生不死。中国神话中龙的权威与风范由此诞生。与东方传说相反，龙在西方常被视作破坏或邪恶的象征。中国龙却代表了善良和英勇的力量，它是征服的象征。这种联想让皇帝们采用龙作为他们的吉祥图腾。

雍容华贵的凤凰则受到宫廷女子们的喜爱，凤凰形制的珠宝首饰则成了其高贵身份的象征。

现代，很多高级珠宝品牌都爱打造动物系列的珠宝。宝石与动物造型相结合，为我们呈现了一个既高调奢华又可爱清新的动物世界。萧邦动物珠宝系列一直深受大众的喜爱，从精致的蜜蜂胸针到珍贵的北极熊钻表，从灵动的小鸟耳环到精灵的猴子配件，每一件都显得如此华丽；各大珠宝品牌都推出过各种各样的动物珠宝，有的霸气奢华，尽显佩戴者的大气高贵；有的可爱呆萌，让人爱不释手；有的古灵精怪，让人眼前一亮，新奇不已。

万历孝靖后嵌珠宝点翠凤冠

万物静观皆自得，四时佳兴与人同。古今中外不同时期、不同地域的动物造型的珠宝饰品让人意犹未尽，浮想联翩，也许这就是自然万物所带给我们的独特魅力吧！从古代时期的宗教特征到如今的自然形态模拟，大自然已经给了我们太多的惊喜，而我们以首饰的方式记叙这份欢愉，延绵不休。

以光影之名，抒我之心情，电影的片段因珠宝的光影更加荣耀。

以光影之名，让珠宝更璀璨

文 / 图：武甜敏

　　光影变换交代着时光的变迁，镜头剪辑拼接着故事发展的脉络，观看一部影视作品时，观众除了醉心于赏心悦目的演员、惊心动魄的情节和精心设计的对白以外，片中人物佩戴的珠宝首饰也成为第三种语言点缀着影片架构，推动影片发展，成为人们记忆中最难忘记的焦点。

【向经典优雅致敬——《蒂凡尼早餐》】

　　清晨时分，纽约第五大街上空无一人，穿着黑色晚礼服，重叠的珍珠项链轻巧地

Tiffany 石上鸟胸针

缠绕在颈上，年轻时尚的女郎霍莉独自伫立在蒂芙尼珠宝店前，手中拎着一个牛皮纸袋，一边吃着袋里可颂面包、喝着热咖啡，一边以艳羡的目光，观望着蒂芙尼店橱窗中的奢华珠宝……这正是著名的《蒂芙尼的早餐》的开场。

白色的珍珠项链搭配黑色的露肩礼服楚楚动人，优雅与狂放兼得，给人以直观的视觉冲击，令任何男人都无法挪开他热辣的眼神。这正符合社交女孩霍莉（奥黛丽·赫本 饰）的人物定位，巧妙地搭配从而塑造了丰富多彩的人物性格。

这颗重达 128.54 克拉的黄钻，是世界最大且品级最佳的天然黄钻之一，于 1877 年开采出来，Jean Schlumberger 设计为 Audrey Hepburn 颈上奢华，完美诠释女人对美好生活与真爱的向往，借助影片的放映与女星奥黛丽赫本的知名度使 Tiffany 在好莱坞知名度大开，之后又经过多次设计修改，最后成为今日熟悉的 Tiffany 镇店之宝"石上鸟"。

【向精致浪漫致敬——《安娜·卡列尼娜》】

2012 版《安娜·卡列尼娜》，全景再现了 19 世纪上流社会的风花雪月式宫廷生活，凯拉·奈特利在影片中所佩戴 Chanel 高级珠宝共价值约 200 万美元。负责电影服装设计的 Jacqueline Durran 亲自前往巴黎挑选适合影片时代背景珠宝。多层次珍珠项链、耳环、山茶花胸针，优雅浪漫又充满激情的复古风格。各类首饰着重体现的是繁复的俄罗斯风情设计和精致的切割，瞬间让观众穿越到 19 世纪的沙俄上流社会。

佩戴在安娜颈上的香奈儿镶钻项链，由 683 颗钻石镶嵌而成，以璀璨的山茶花造型配

《安娜·卡列尼娜》剧照

合繁复的精美钻石组合而成。细节工艺精湛出彩，使其成为女主人亮相时的最佳吸睛武器。一下便可区别于片中其他女性角色，衬托出女主角安娜的明艳动人，气质非凡的雍容华贵风范。

CHANEL Joaillerie 系列镶钻珍珠项链被叠戴几圈后绕在颈上，做工繁复精致的礼服加上精雕细刻的复古奢美首饰，女主角的威严高贵油然而生，也打破了普通项链搭配礼服的单调，保持了视觉上统一的繁复之美，瞬间吸引观众眼球。

Cartier 复刻版珠宝

【向尊贵典雅致敬——《摩纳哥王妃》】

在《摩纳哥王妃》中展现了王室传奇女性格蕾丝·凯莉的传奇一生，并且卡地亚特为电影复刻的五件珍藏于摩纳哥王室的珠宝臻品更是影片一大亮点，通过影片演绎，观众可欣赏到卡地亚为传奇王妃格蕾丝·凯莉打造的稀世珍品，感受一个珠宝品牌非凡历史传承和极致工艺美学，同时细品品牌与王室的不解渊源，以及与电影艺术的无尽情缘。

影片中，除政治性活动场合外，在展现日常生活的片段中，格蕾丝王妃多佩戴珍珠饰品来彰显出女性的温婉尔雅，增添了一份妩媚柔和，母性

《摩洛哥王妃》剧照

《危险关系》电影剧照
（张柏芝佩戴碧玺耳坠）

《色戒》电影剧照
（汤唯佩戴 Cartier 6 克拉粉钻戒指）

光辉瞬间温暖观众。

【向夺目魅惑致敬——民国时期经典造型】

从之前的《危险关系》、《大上海》到最近上映的《一步之遥》《太平轮》和《王牌》，这些电影展现的是 20 世纪的社会环境，随着封建社会的土崩瓦解，西方先进思想传入国内，此时的珠宝首饰饰品融合了中西方精华，整体造型依旧以柔美曲线为主，新兴的设计元素如简洁、夸张的几何造型也逐渐融入到首饰设计之中。

民国时期，新的审美观念的确立，使得珠宝逐渐退去繁琐、矫饰、复杂，如流苏结构的减少，代之而来的是简洁而又不失古典气息的风格，采用典雅的水滴形素面白玉、翡翠，或是珍珠等国人传统材质，来搭配体现女性优美身体曲线的旗袍。

电影像是一个时光记录仪，带领我们看到时光的起点，也看到时光的尽头。在时光影像的漫漫之路当中，在无数令人陶醉的风景里，奢华璀璨的彩金珠宝绽放着其独特的魅力，让无数爱美人士过目不忘，醉心于此。

建筑是行走着的首饰，他们以更庞大的身躯散发着珠宝的荣光。

灵感来源于生活
从建筑到首饰

文 / 图：贾依曼

建筑不仅是钢筋水泥的搭配，经典的建筑总会被发掘利用在新的领域。在首饰设计方面，建筑元素也是珠宝设计师们所钟爱的，经典的建筑常常是珠宝品牌创作的灵感来源。艺术来源于生活却高于生活，让我们来感受一下建筑首饰的别样风采吧。

海瑞·温斯顿 New York Skyscraper 系列蓝宝石镶钻戒的灵感来源于克莱斯勒大厦，"金字塔"形的主石、层状的结构，形象地将克莱斯勒的顶部部分表现出来，高贵典雅、现代感十足。

此款项链灵感来源于帝国大厦，吊坠采用 K 白金与钻石组成，主体造型的原型为帝国大厦，主体造型下方为镶嵌成流苏形式的祖母绿型切工钻石，这样的造型使坠链整体更加流畅。

海瑞·温斯顿 Guggenheim 系列钻石戒环、Guggenheim 系列钻石坠链及 Premier 系列计时腕表灵感来均源于古根汉姆博物馆。设计师将古根汉姆博物馆盘旋的圆形空心楼层、放射状造型的楼顶都巧妙地运用到了首饰设计中，层次丰富，视觉冲击力强，演绎着时尚的都市摩登范儿。

Harry Winston New York Reflection 钻石坠链

【建筑首饰之巴黎建筑】

● 卡地亚（Cartier）Paris Nouvelle Vague 珠宝系列

卡地亚 2013 年推出全新 Paris Nouvelle Vague 珠宝系列，以巴黎著名建筑物为创作灵感构思，借用巴黎女性元素的设计风格，为我们呈现出具有独特魅力的时尚巴黎新浪潮珠宝系列作品。

灵感来源于气球、烟花，形似街道、桥梁的手镯，无不展现着 Paris Nouvelle Vague 珠宝系列的童趣所在。首饰的颜色亮丽、造型独特，充满时尚感，使人不禁联想起自己的童年时光。此系列珠宝充满童趣，用天然宝石斑斓的色彩好似一串串闪烁在节日的彩灯，欢快愉悦又绚丽夺目，在珠宝首饰融入俏皮幽默、精灵古怪和自由奔放的情趣。

Paris Nouvelle Vague 珠宝

Paris Nouvelle Vague 戒指

Strolls 戒指

Paris Nouvelle Vague 戒指是以下午两点的巴黎卢森堡公园为创作灵感，在时尚中加入了率真和趣味元素。由缟玛瑙、钻石和青金石镶嵌而成的戒指，整体呈螺旋状，流畅的线条、新颖的搭配形式与巧妙的设计构思完美融合，平添一种灵气。

卡地亚的 Strolls 戒指采用玫瑰金镶嵌钻石、黑漆搭配设计而成，戒指线条流畅自然，玫瑰金与黑漆的搭配为戒指赋予了一种神秘感。戒指的灵感来源于巴黎的脉搏——塞纳河，水波跳动，幻化为黑漆与钻石装扮的现代风格戒指。

● 路易威登（Louis Vuitton） Escale à Paris 珠宝系列

一切由路易威登在香榭丽舍大道上漫步的身影拉开帷幕，街道的尽头是赫赫有名的凯旋门，戒指与项链采用多种不同切割方式的钻石与深红色尖晶石组成，交相呼应。颜色形成鲜明的对比，以珠宝独有的方式勾勒出雄伟壮观的凯旋门与车水马龙的香榭丽舍大街璀璨夜之美。

该系列首饰以缟玛瑙为底，镶嵌的钻石形似倾泻而下的喷泉水，与深邃的蓝宝石水滴相映生辉。其灵感来自于路易威登先生驻足于象征着法兰西第二帝国辉煌的协和广场上时所看到的希托弗喷泉的迷人景色。首饰写实自然，充满时尚感，用线条勾勒出表现出喷泉的状态，与蓝宝石的搭配，更能展现出水的灵动与优美。

"凯旋门"尖晶石镶钻戒指

"喷泉"造型戒指

I Do French kiss 系列戒指

● Philippe Tournaire 的艾菲尔铁塔

法国珠宝设计师 Philippe Tournaire 将艾菲尔铁塔做成一枚象征着誓言永恒的钻戒。戒托以铁塔底座造型为母本，中间采用四爪镶嵌一颗圆形钻石，戒指从侧面看是一个倒着的埃菲尔铁塔。这款戒指的设计参照艾菲尔铁塔真实的造型微缩而成，名为"French Kiss"，弥漫着浓郁的法式浪漫情调。

【建筑首饰之意大利建筑】

佛罗伦萨是一座充满文化和艺术气息的城市，它既是意大利文艺复兴运动的发源地，也是欧洲文化的发祥地。

LILYROSE 珍珠套装

伊丽罗氏品牌致力于对珍珠文化的建立和传播。此套装首饰将佛罗伦萨这座城市所抽象变形出来的建筑图案运用到首饰设计之中，钻石、K 白金与珍珠的搭配表现出一种宁静与典雅。

【建筑首饰之中式建筑】

中式建筑即中国传统建筑，形成和发展具有悠久的历史。造型多以亭台、楼阁

亭台流苏耳饰

为主，形成了中国极具特色的建筑风格。

耳饰以"亭"为造型，亭子造型的刚健与流苏的柔美，两者的结合更展现出首饰的刚柔并济之美。

【戒指上的"建筑狂人"】

法国设计师 Philippe Tournaire 是一位狂热的建筑爱好者。他所设计的戒指均能展现出当地的建筑特色，像是该城市的缩影，一目了然，给人一种强烈的视觉感。

古根汉姆博物馆戒指

以建筑为灵感的珠宝虽然不如花鸟题材般体现出自然的灵性，却有着自己独特的韵味。珠宝设计师们用他们独特的创意，将这些经典建筑转化为一款款精美时尚可佩带的艺术首饰，使这些承载着历史与文化的建筑之美带给我们别样的享受。

纽约建筑造型戒指

中国古庙造型戒指

威尼斯建筑造型戒指

大唐除了盛世兴国，还有流转的柔情和百媚的佳人，镜边的容颜倾城倾世，发间的步摇叮铃作响，佳人难再得。

低吟唐诗，打开王朝女人们的首饰匣

文 / 图：武甜敏

　　"美人开池北堂下，拾得宝钗金未化。凤凰半在双股齐，钿花落处生黄泥。"踏着清逸的古风，携着历史的沉香，你从唐诗中翩然而至。打开那只岁月尘封的首饰匣，似穿越千年的时光，来到遥远的大唐盛世，信步庭前看尽花开花落，一首唐诗将冰冷的首饰之美永世流传。

　　大唐王朝是中国古代史上最光辉灿烂的时期，无论是政治、经济方面，还是文化方面，当时的中国都无疑是世界上最强大的帝国。经济的繁荣，使首饰贸易十分兴盛，许多文人雅士用诗词描绘出盛唐的繁华，而文豪墨客笔下的仕女佳人则多配以精巧华美的首饰，在首饰的点缀下，更加楚楚动人。你仿佛能幻想到体态丰盈的美人佩戴着华美的首饰向我们缓缓走来，风姿绰约的展现着王朝女人闺阁瑰宝的奢华璀璨。

【玉搔头（发簪）】

花钿委地无人收，翠翅金雀玉搔头。

君王掩面救不得，回看血泪相和流。

——（唐）白居易《长恨歌》

《武则天秘史》剧照

玉搔头即指玉质发簪，相传汉武帝有一次去爱妃李夫人宫中，突感头痒，便拨下她头上的玉簪搔痒，故此得别名。到了隋唐时代，高髻盛行，具有实用性和装饰性双重功能的发簪成为支撑发髻的漂亮饰物。

发簪的材质样式繁多，有白玉、翠、玛瑙、金、银等，各种材质取决于佩戴者的身份和等级。同时材质也跟时节有关系，一般冬春两季戴金簪，到立夏换戴玉簪。装饰主题丰富至极，寓意也很讲究，即"图必有意，意必吉祥"。如蝙蝠之上有铜钱的"福在眼前"、喜鹊登梅的"喜上眉梢"、桃子佛手石榴组成的"福寿三多"等，兼顾实用与美丽。

发簪与钗、步摇同属于头部饰品，但是其区别在于簪通常是作成一股，钗则作成双股，由两股簪子交叉组合而成，用来绾住头发，也有用它把帽子别在头发上。而步摇则是在顶部挂珠玉垂饰的簪或钗，是古代妇女插于鬓发之侧以作装饰之物。

南唐 金镶玉步摇

【步摇 】

"云鬓花颜金步摇,芙蓉帐暖度春宵。春宵苦短日高起,从此君王不早朝。"

——(唐)白居易《长恨歌》

"翠匣开寒镜,珠钗挂步摇。"

——(唐)张仲素《宫中乐五首》

步摇,顾名思义,"步则摇也"。由簪钗的基础上发展起来,是发钗的精华部分。步摇的基座通常为钗,钗的顶部饰有活动的花枝、珠串,走起路来随着步子不停地颤动摇晃,故得名"步摇"。

正在热映的电影《王朝的女人·杨贵妃》中常见由范冰冰饰演的杨玉环头戴步摇,身着华服,而这历史人物的形象设计正如白居易在长恨歌中描写的那样:有着闭月羞花的容颜,发髻上插着金灿灿的步摇,一位绝世的美女轻移莲步,袅袅而来,随着脚步的移动,头上的金步摇有韵律地微微颤动,一种古典楚楚动人的风情油然而生。一件首饰就可以将杨贵妃行动间婀娜多姿的美好情态点染到位,这大概就是步摇的魅力吧。

《王朝的女人·杨贵妃》剧照

【耳饰】

"青云教绾头上髻,明月与作耳边珰。"

——唐·李贺《大堤曲》

据史料记载,唐代妇女基本上没有穿耳

唐代嵌宝石莲瓣纹金耳坠

殷桃饰《杨贵妃秘史》杨玉环一角

戴环的习俗，出土的唐代耳饰也十分稀少。宋以后，耳环在汉族妇女中才开始流行。但从敦煌壁画以及唐时期的墓室壁画来看，当时汉人仕女、贵族确实有佩戴耳饰，只是不普遍而已。耳饰出现的时间主要在盛唐和中唐时期，所能查找到描写耳饰的古诗也是少之又少。在唐代诗人李贺的这首《大堤曲》中描写的水乡船家女子爱情生活的古诗中隐约提到了唐代耳饰。

耳珰是古代妇女在耳垂上附着的珠玉，从李贺"明月与作耳边珰"的诗句中，可见垂有明珠的耳珰应是唐代女性喜爱的饰品。但唐墓所出耳珰的资料却极少，目前我们所能看到的唐代耳饰十分珍贵稀有。唐代耳饰多以团花为主题外，还流行庄重对称的结构，纹饰繁密，线条饱满。

【颈饰】

唐代最著名的舞蹈"霓裳羽衣舞"就是身佩璎珞而舞，晚唐诗人郑嵎在诗中写过以下按语：

又令宫妓梳九骑仙髻，衣孔雀翠衣，佩七宝璎珞，为霓裳羽衣之类，曲终，珠翠可扫。

璎珞的形式复杂多样，在各种图像中很少见到相同的璎珞，但它的样子基本脱离不了以一个项圈为主，在项圈周围用珠宝玉石组成的各种花形装饰，并在正中挂有坠饰。

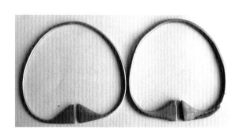

唐代金臂钏

羯摩三钴杵纹银臂钏 – 法门寺出土文物

唐代金臂钏

【臂钏】

　　"额黄侵腻发，臂钏透红纱。柳暗莺啼处，认郎家。"

　　　　　　—— 唐 牛峤《女冠子·绿云高髻》

　　臂钏来源于镯，由几个手镯合并在一起，被命名为"钏"，故钏也称为臂镯、臂环。臂钏特别适合于上臂滚圆修长的女性。由于唐代以胖为美的审美观点，使得唐王朝的女人们多喜佩戴臂钏来表现女性上臂丰满浑圆的魅力。

　　西汉以后，由于丝绸之路的打开，西域民族的装饰品逐渐传入中原，佩戴臂环之风盛行。臂环的样式很多，有的属自由伸缩型，这种臂环可以根据手臂的粗细调节环的大小；有的只用一根或几根较粗的银丝或铜丝直接弯成一个环式，轻巧简单，以此衬托女式健美的丰韵曲线。唐代是一个自由开放的时代，臂钏的兴起似乎是响应吊带衫、无袖衫的盛行，或戴在前臂，或戴在后臂，要让裸露的手臂成为又一个美丽经典。

　　熠熠生光的臂钏与锦水烟景里的佳人相配，为古代女性的容色更增添了朦胧奇妙之美。

　　唐初社会政治清明，首饰带有一种简约之风。唐代前期宫廷妇女装束还比较素朴，发式虽有种种不同的艺术加工，使用的珠翠却并不多见，直至开元初期，风气犹未大变。开元以后，社会稳定，经济复苏，宫中奢侈之风日盛，首饰多呈富丽堂皇之感。到了晚唐，尤其是在安史之乱之后，唐王朝一蹶不振，而社会上追求怪异打扮的风尚仍未减弱，此时首饰佩戴虽繁缛，却远不及初唐、盛唐美观利落，完全是一种近乎病态的装饰。可见，社会政治的没落，导致人们审美观念的变化，也在妇女首饰上明显地反映出来。无论是在设计还是在材料方面，唐代的首饰都达到了登峰造极的境地，它摆脱了魏晋时代的"空"、"无"的宗教理想境界，使首饰设计风格更贴近生活。

珠光掠影间的呢喃，像极了老朋友之间的耳语，陪伴着你的哀愁，分享着你的欢喜，转念间已是淡然与惬意，往事还是流年，留给时间吧。

珠光掠影间，已是盛夏经年
欧美经典珠宝品牌鉴赏

文 / 图：董一丹

　　总会有一些珠宝美得像艺术品，它们或是带着不食烟火的仙气，或是跳着精灵般的舞步，缓缓地走着，吟唱着。就像晴川下的半缕光芒，烟雨之下的自然芳香，珠光掠影间，不曾与你分离。

　　就在你不经意的眉梢之间，盛夏已经要悄然离开，习惯了近三个月的陪伴，习惯了它分享着你的喜悦，陪伴着你的哀愁，欢喜着它带给你的美景，歆羡着它释放的热情。就像你指间的掌上珠，耳边的明月珰，老朋友般的亲昵别人不能体会。所以，这个夏天，侃侃人生，聊聊珠宝，说说品牌背后的故事，谈谈初次见面的你。

【它编织了你的梦境，你充实了它的风景】

丝丝缕缕的黄金编织出了锦绣般的柔软与细腻，它浸染着古罗马千年的历史传奇，描述了意大利的浪漫与风情。布契拉提家族几百年的经营与爱护，让这些如梦境般的瑰丽珠宝，肆意地绽放着岁月的芳香。黄金编织出的艺术品，有着坚定而迷茫的美丽，像极了鬼斧神工。

山河与天地转眼便是沧海与桑田，唯有优秀的工艺流传至今。布契拉提的每一件作品，都凝结着设计者与工匠的心血，都拥有艺术与自然的美丽片段。"花边样式"、"仿麻纹理"，各种织纹雕金工艺向我们展示的不光是震撼人心的美感，还有那始终如一的匠心气质。

布契拉提，意大利国宝级的手工珠宝品牌，展现给世人的不仅是华贵与精美，其品牌背后关于艺术的深刻理解与思考更打动我们的思绪。其优雅华贵的风格更是吸引着全世界皇族的注意力。百年岁月悠悠而逝，而布契拉提的浪漫与艺术还不曾停止，伴着亚平宁的历史与积淀，诉说着文艺复兴的亘古绮丽。

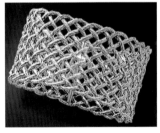

Buccellati 珠宝

【它是天使的眼泪，滴进你的梦田】

它是天使的眼泪，它用最质朴细腻的外表治愈你的梦田。一颗颗珍珠的形成近乎一个奇迹，而御木本培育的人工珍珠载着满满的爱意为全世界女人做美丽的温床。御木本珠宝就像个仪态万方的贵妇，她拥有典雅的仪态，纯真的个性，让全世界的女性为之倾倒。

御木本珠宝的制作精良，风格典雅，将女性的优雅气质发挥得淋漓尽致。培育精

御木本王冠

Mikimoto 项饰

也期待一睹它的光辉。

良的御木本珍珠堪比钻石的价格。自 2002 年开始，御木本珍珠开始成为环球小姐的官方珠宝赞助商，承载着"珍珠之王"的美誉，温柔着每个女人的心底。

从创立日起，御木本珠宝似乎就拥有与众不同的力量，对人们讲述珍珠的温柔与美丽。而这种力量横跨了世界版图，让全世界女性为之倾慕。御木本珍珠经过了百年的历史，依然走在创新的道路上，依然传播着女性优雅的风尚。

【它用钻石的光芒，换你闪耀一生】

海瑞·温斯顿曾说过："如果可以的话，我希望能直接将钻石镶嵌在女人肌肤上。"而这种对钻石近乎狂热的执着，让世界殿堂级的珠宝品牌——海瑞·温斯顿书写了一段比钻石更为闪耀的传奇。繁华盛大的珠宝王朝，众人朝拜着，仰慕着，期待着，纵不能拥有，

Harry Winston 蓝宝石项链

除了品质极佳的钻石之外，海瑞·温斯顿珠宝还拥有无可挑剔的加工工艺。钻石花式切割的技法让钻石的闪耀达到无以伦比的美丽。而经由海瑞·温斯顿转手的珠宝，更是成为全世界拍卖行争抢的尤物。

Harry Winston 戒指

海瑞·温斯顿伴随太多传奇女人走过其奢美明艳的一生，她们的人生或许波澜壮阔，或许无比荣耀。传奇的故事，散发着钻石般的光芒，伴随着时间的轮回，用一件海瑞·温斯顿珠宝装饰你荣耀的一生。耀眼的钻石，是传奇的载体，更是珍贵的纪念。

玛丽莲·梦露曾经高唱："Talks to me,Harry Winston,tell me all about it……（告诉我吧，海瑞·温斯顿，告诉我关于他的一切）"

珠宝不仅仅是奢侈品，更是令人心生欢喜的精灵，它伴随着我们四季的喜怒哀愁，而品牌文化也像是生活的冲剂，调剂你忙碌的生活。闲暇的时光，不要忘记珠光掠影间的清凉，请将盛夏经年的感动收藏在心底。

就像是去赴老朋友的约定，与珠宝的见面满溢着老朋友般亲切的呢喃，聊聊人生，说说故事，从中得来的力量会让我们盘活自己的人生，不用欣羡别人的精彩，终其一生，我们一起做一场奢美的梦。

Harry Winston 珠宝

Harry Winston 耳钉

Harry Winston 珠宝

深冬的季节里，祈祷春天快来临，期待着夏天的热情，可以去看高山和大海。

Beauty and the Beast II
梦幻水世界

文 / 图：仇龄莉

"海洋活力丰沛，灵动斑斓，蕴藏无尽自然力量。"

———— Francesca Amfitheatrof 蒂芙尼（TIFFANY & CO.）公司设计总监

辽阔，神秘，时而平静无澜，时而波涛汹涌，这是大海带给我们的第一感受。在这蔚蓝的海面下蕴含着一个生机盎然的奇幻世界。

海洋，是大地的摇篮，是最早孕育出生命的地方。在瑰丽的海底世界中，摇曳的水草和五彩斑斓的珊瑚织造了一片水世界中的森林，行行色色的海洋生物们就生活于其中。那么就让小编带领大家徜徉在这梦幻的水中世界吧。

这款胸针的灵感取自蒂芙尼设计师 Schlumberger 在加勒比海上的神奇经历，将平凡的海马打造成尊贵的海上之王。设计师用明亮华丽的 18K 金和铂金镶嵌橄榄石、紫水晶和粉色蓝宝石，将海马塑造成了一位姿态高贵华美的水中王者，带给我们无限遐思。

Tiffany & CO. 海马胸针

蒂芙尼的设计师从自然界最古老的物种之一汲取灵感，创作出海星系列。原始的形状和流畅的轮廓，完美再现了海底的生物，也让人不禁遥想浩渺星空。将海星化为一颗颗明亮的宝石星辰，无论在幽深的海底世界还是在浩瀚深邃的星空中都是亮丽的风景。

Tiffany 海星胸针

蒂芙尼的设计师 Schlumberger 从水母获得灵感，为一位尊贵的客人而设计了一枚胸针。以 18K 金和铂金镶嵌圆形月长石、狭长形蓝宝石和圆形明亮式切割钻石，光泽柔和的月光石展现水母的柔软荡漾质感，用蓝宝石和金的组合制作水母的触须，美丽却致命。

Tiffany Schlumberger
水母形胸针

章鱼是海洋世界中柔软却有力的"杀手"，它潜藏在海礁石缝中，伸出温柔的触手闪电般袭击并捉住猎物，将力量与美感完美结合。设计师们或将其"萌"化成为圆滚滚的可爱形态，或充分彰显其缠绕盘绞的特性，创作出复古夸张的美丽首饰。

Marchak 章鱼造型珠宝

鱼儿是海洋名副其实的主人，无论是颜色艳丽的小丑鱼"尼莫"，还是体态优雅的神仙鱼都是设计师们钟爱的题材。凭借细腻的高级珠宝制作工艺和澎湃的创造力，梵克雅宝将异域海洋生物雕琢成为震撼人心的珠宝系列。这些光华璀璨的宝石凝结了梵克雅宝顶尖工艺与艺术的精髓。亚特兰蒂斯系列一共由 80 余件精美珠宝组成，堪称梵克雅宝技艺与风格的巅峰之作。

Boucheron Tortue 虎睛石乌龟戒指

作为永恒的象征，海龟代表着智慧和谨慎。无论在东方还是西方，人们都把乌龟作为长寿、智慧的代名词。宝诗龙 TORTUE 乌龟系列以 18K 玫瑰金生动地塑造出乌龟流畅的身躯和微微昂首的姿态，仿佛微笑般上扬的嘴角线条，搭配祖母绿镶嵌双眼，自然活泼的神情格外讨人喜爱。宝诗龙自 2006 年推出 TORTUE 粉水晶乌龟戒指，粉嫩的色调为动物系列添一份俏皮的春意。时隔六年，2012 年宝诗龙重新诠释品牌经典 TOUTUE 乌龟系列，精巧工艺雕凿虎睛石作为乌龟外壳，虎睛石沉稳神秘的色调有别于粉水晶的春意盎然，展现 TORTUE 乌龟系列充满成熟智慧的气质。

Van Cleef&Arpels Les Voyages
Extraordinaires 高级珠宝系列·鲸鱼

鲸鱼是世界上最大的哺乳动物，也是著名的"海洋歌姬"。它们身躯庞大，无时不展现着力量的美感；却又性格温和，在深海中徜徉遨游，吟唱着动人的海之歌。梵克雅宝以儒勒·凡尔纳（Jules Verne）的《奇异之旅》（Extraordinary Voyages）、《海底两万里》（Twenty Thousand Leagues Under the Sea）等著作为蓝本创作了该高级珠宝系列，带领我们搜寻海底深处的神秘居民们，赞颂着大自然的宏伟壮美。

海阔凭鱼跃，这生机盎然的大海千变万化，美轮美奂，赋予了我们多少的梦境和想象，又为设计师们带来了多少灵感与创意。天高任鸟飞，下一期我们跟随设计师们乘风翱翔，一起去探寻蔚蓝天空中的佼佼者们，大家千万不要错过哟。

漫步在盛美的皇宫中,头上戴着闪耀的王冠,如此精致的美梦,得不到才更珍惜。

怀旧复古风
"拜占庭"风格在现代首饰中的完美演绎

文 / 图:贾依曼

拜占庭文化因受到宗教因素的影响,镶贴艺术尤为著名,马赛克艺术也得到了快速的发展。拜占庭文化强调装饰性,充分显现出了当时拜占庭文化高贵神圣的特点,而且此时的艺术也影响到了珠宝设计上。拜占庭风格珠宝,宝石颜色丰富多彩,将拜占庭的高贵、华丽、神圣的风格展现得淋漓尽致。下面就让我们来感受一下拜占庭风格珠宝的魅力吧!

【拜占庭风格艺术】

拜占庭是中世纪东罗马帝国，指的是现今土耳其的伊斯坦堡。拜占庭艺术是约 5~15 世纪中期发展起来的，拜占庭风格艺术追求缤纷多变的装饰性，是一种充满华丽感的装饰艺术。因受到宗教的影响，在许多教堂、壁画上都能看到拜占庭风格艺术的展现。

拜占庭风格首饰

【拜占庭风格首饰的发展】

拜占庭的艺术风格起源于基督教，以马赛克镶嵌装饰教堂内部而发展，追求缤纷多变的装饰性，形成了独特的镶贴艺术，这些成为了拜占庭特有的文化象征，表现出神秘而又华丽的宗教意境，具有装饰性、高贵性和宗教寓意的特点。

金制镂空项链

拜占庭时期的宝石工艺是在金属工艺的基础上展开的，大多用于装饰祭坛、遗物箱、十字架和圣书函。拜占庭的金属工艺在铸造、雕金、錾花和镶嵌等方面都有相当的成就，其宝石镶嵌也是极为成功的。自公元 5 世纪以后，拜占庭人制作的宗教器物或其他装饰品，都广泛采用了镶嵌技法。

拜占庭首饰在服装制作与金属工艺的基础上得到了一定的发展，强调贴镶艺术，注重色彩的装饰性，多采用金属材质，镶嵌多种宝石，并且运用精湛的金属工艺，使得拜占庭首饰具有高贵、奢华的气质。

【品牌首饰中的"拜占庭"】

香奈儿 (Chanel) Paris－Byzantine 高级珠宝系列，以经典金色为主色调，镶嵌多种彩色宝石，结合镂空技法，强调色彩的华丽。香奈儿利用拜占庭文化中最著名的镶贴装饰艺术，掀起拜占庭风格首饰热潮。香

Chanel 镂空耳饰

Tiffany Venezia 系列珠宝

《了不起的盖茨比》女主角佩戴拜占庭
风格的首饰

奈儿的镂空首饰工艺精巧、做工精湛、造型突出，整个首饰华丽与时尚并存，如香奈儿的镂空手镯、复古胸针和耳饰都将华丽与繁复发挥到极致，呈现出摩登、魅惑、高贵、复古的拜占庭帝国贵族气息。

蒂芙尼（Tiffany）与珠宝设计师 Paloma Picasso 合作的 Venezia 系列作品，此系列以 18K 金为主要材质，既有以马赛克镶嵌出八角星图案的项链，又有对称曲线构成精美图案的手镯、项链，还有用线条表现抽象植物图腾的项链，这些首饰展现出独特的设计韵味，充满时尚感与现代感。

【明星与"拜占庭"】

拜占庭艺术风格珠宝也深受明星们的青睐，我们能够在许多场合看到明星们佩戴拜占庭风格首饰的身影。

热播美剧《破产姐妹》中 MAX 的饰演者凯特·戴琳斯（Kat Dennings）为《Z!NK》杂志拍摄海报时就佩戴着拜占庭艺术风格的首饰。

复古元素是一种经久不衰的元素类型，受到许多人的喜爱。拜占庭首饰的宝石镶嵌、马赛克技法以及镂空工艺的运用，充分地展现出了拜占庭风格首饰的华丽、高贵、炫目的特点，复古又不失时尚，是许多珠宝设计师所钟爱的元素。拜占庭风格首饰是生活与设计的完美结合，也是复古与时尚的完美呈现。

凯特·戴琳斯佩戴拜占庭风格的首饰

LEARN TO TRY

学海拾趣

自从初初遇见你，便知以后的岁月里有你的温柔来感化我的鲁莽，我们的生活会有荣耀加持。

我与和田玉的初相识

文 / 图：张 钦

　　自小就很喜欢珠宝玉石这些美丽的东西。因为喜欢，总是有意无意的收集关于玉石彩宝的知识和信息。经常在珠宝网站和论坛泡到凌晨都不觉疲倦，相信很多人心中都有一个珠宝梦。很幸运能得知何雪梅教授开课的信息，很幸运能来到珠宝大课堂，很幸运能认识一群志同道合的朋友！何其之幸！

　　小时候喜欢家乡的绿茶，后来喜欢铁观音，现在开始接触红茶了。恰如跳脱剔透的绿茶，未经发酵，叶绒多而味清，是充满活力的纯真童年。盛年创业，恰如铁观音，

何老师为学员讲授和田玉知识   课堂全景

已经被世事半发酵，但仍硬朗清冽、果断甘香，令人激赏。及至有成，人也沉敛宽厚了，亦如这杯醇厚温吞的红茶，微苦后香，叫人平和，没有脾气，和田玉就是这杯红茶。它就是这样一个谦谦君子，白衣飘飘；就是这样一个温婉少妇，沁人心脾；它也是一位慈祥老人，历尽沧桑，仍真诚纯净。自和田玉始，开始体验那份安静，不是它需要我们，而是我们需要和田玉。

上课之前我很担心，虽然知道课程是精品课堂，何教授会面对面、手把手地教我看标本、用仪器。但我很担心作为一个几乎是零基础的学员能不能跟上课程节奏。我抱着了解和田玉的目的来上大课堂，当我了解到和田玉的前世今生，突然懂得孔子披褐怀玉的心情。就像何教授说的："如果撇开文化去学习和田玉，那么我们对和田玉的认识将会是肤浅的。"了解了玉文化，我才懂得和田玉之美，我才感受到温润内敛的和田玉，那有别于璀璨宝石的深沉内蕴，也感受到中国人对和田玉那份由衷的喜爱和精神寄托。

两天紧张充实的学习，让我这个仅是简单的喜欢但一无认知的"小白"了解了和田玉的前世今生。了解了和田玉的不同种类及产地，以及容易和它混淆的其他种类的玉石等等，同时还有机会看到了何雪梅教授细心准备的各产地和田玉，及不同种类的各种玉石，不光学到了和田玉知识，同时对相似玉石从产地到种类都有了了解。

课堂上标本种类很全，我正好坐在何教授身边，有幸看到了学员们带来的好多宝贝，每件我都仔细观察判别，多番比较之下，竟连番猜对了同学们让教授鉴定的各种玉石的名称和产地，真是大开眼界、收获满满！我想收获一杯水，等来的是一汪涓涓清泉。

拾玉的路途仿佛人生，荆棘与鲜花同在，请用学习做盔甲，让这滚滚的红尘踏出潇洒的音符。

玉石收藏五大诀窍

文/图：李琼

古往今来，盛世玩收藏，但如今的盛世有所不同，因为道德修养的提高和社会财富的增强不同步，畸形财富观冲击所有领域的道德底线，文化艺术和收藏鉴赏是重灾区，其"泡沫化"甚至远远超出其他领域。艺术品领域的文化人不乏披着文化外衣的商人，有不少名不副实的鉴赏家成了商人蒙蔽大众的工具，甚至有些所谓收藏家正是"庞氏骗局"链条的源头人物。在这样的社会大背景之下，艺术品及珠宝、玉石市场令人"恐怖"。我的感受是这个市场四分欺骗、三分浮躁、二分盲目，一分理智，其"泡沫化"

课堂实践

程度高达几十倍之多，价格远远偏离价值。

新疆和田玉是我国玉石文化的瑰宝，千年不衰，按道理应该是收藏者和欣赏者的上选之物，但在当今社会，我们必须慎之再慎，如今和田玉市场很热，造富神话让许多人迷失方向，失去了玉石文化的内涵，绝大多数的购买者冲着增值而去，最后必然是"庞氏骗局"末端的受害者。

我个人的观点：介入和田玉市场或收藏和田玉的人，必须重视以下五个方面的问题：

第一，将自己定位于真正爱好和田玉的理智的收藏者，扎实地学习玉文化的基础知识，掌握鉴别玉石真假及品质的基本手段，以静制动，先品味玉石文化的魅力。

第二，彻底抛弃买玉必增值的错误观念，"世人皆醉我独醒"，用心去观察和识破市场中骗局，苦练讨价还价的基本功。在条件允许的情况下，尽量寻找源头，做"前沿者"，不做"追风族"。

第三，理论知识和实践经验相结合，少买多看，少听多学，练眼力，磨耐心，带着书本知识去市场，把展销会当做培养自己鉴别能力的课堂，不厌其烦地上手上眼，尽可能避免盲目出手，避免因个人偏见走眼，在市场中向玉石高人"偷学"真本事。

第四，知识和能力有了一定积累后，该出手时也得出手，出手过程中切忌贪便宜，不买则已，买则必买有一定收藏和增值价值的中高端品种，不求数量求质量。

第五，学有专攻，既然爱好和田玉，就应当把和田玉当做主攻方向，深入钻研，立志做学问大家，收藏高手。养心养德，触类旁通，逐渐淡化和田玉的物质价值，追求玉文化的精神品位。

师生鉴赏珠宝玉石

TREASURE HUNT
寻宝之旅

五彩城的印象正如它的名称而言，就像彩虹挂在天边，美妙而不可言。

五彩城
——新奇美妙的新疆探宝之行 第一站

文 / 图：何雪梅

　　问及新疆的宝玉石，人们定会情不自禁地脱口而出答道："和田玉呗！"然而，殊不知新疆的宝玉石在全国乃至全世界其他国家范围内属于品种最为丰富、产量最大的地区之一。为了实现多年的新疆探宝之梦，十年来已数次奔赴南疆进行过和田玉矿山与市场的考察工作，而今为了完成北疆寻宝的夙愿，2014 年 5 月 15 日我们师生三人一行登上了飞往乌鲁木齐的航班，再一次开启了新疆宝玉石矿产资源考察之旅，与往常不同的是，这次考察的目的地是被誉为胜似欧洲风光的北疆阿尔泰地区。

壮观的雅丹地貌

飞机一落地，我们便迫不及待地赶往新疆维吾尔族自治区地质资料馆进行了宝玉石资料的查询工作，并向新疆国土资源局的相关朋友与同行了解目前北疆宝玉石资源开发利用的概况和现状，同时制定了本次考察的最佳行进路线，力争在最短的时间内高效率完成考察任务。

在一位从事新疆宝玉石行业十余载的挚友驾车带领下，从乌鲁木齐出发，穿越茫茫戈壁，一路远山抹微云，蓝天连大漠，欢声笑语行进了大约三个小时，我们来到了"天上五彩城景区"。天上五彩城景区位于新疆准噶尔盆地、古尔通古特沙漠腹地的富蕴县境内。面积65平方公里，由大五彩城、小五彩城、土石林等景点构成。

这里五彩缤纷的侏罗纪地层地貌特征世界罕见，属于雅丹地貌。这里历经亿万年风蚀水冲，形成数百座奇异的山丘。金黄、赭红、藏青、深褐、粉白、黛绿……造物主似乎弄撒了调色盘，蓝天白云下层叠的山峦像披上了一条条五彩斑斓的彩带，仿若矗立在沙漠中的海市蜃楼。

五彩城寻宝

驱车驶入五彩城内，就像走进了一个奇幻的梦境，被艳丽的色彩缠裹着的山峦围绕着我们，层层叠叠，神奇而壮观。近距离观赏奇异的地貌，有的似五百罗汉摆出各种姿态，有的似万佛朝宗，气势威严。其间菩萨诵经慈眉善目静观世间百态，还有的似大佛从天而降的脚趾稳踏地面、立地生根……在这茫茫戈壁中，历经无数岁月的洗礼，才有这样的景象，让人顿生沧海桑田之感。

五彩城

行走在这奇幻的城堡里，我们被一些似海底火山喷发后冷却突起的岩石堆所吸引，捡到了许多黑褐色的石块，其上有烧蚀的痕迹并呈现出铁矿石的光泽，外观颇似铁陨石，分量很沉。难怪近年来也有学者认为五彩城的成因有陨石所致之说。

时间关系，为了在天黑之前赶到下一地点，我们依依不舍地离开了五彩城。汽车穿过一小段戈壁之后，道路两旁的色彩便渐渐显露出绿色。看着蓝蓝的天空中漂浮的白云，呼吸着在北京无法享受的新鲜空气，心情十分愉悦，不久我们便被路边美丽的景色所吸引，原来我们来到了素有北国江南之称的"可可苏里"。可可苏里亦称野鸭湖，湖面面积 1.9 平方公里，湖中由根部交错的芦苇形成的大小浮岛 20 多个，水中植物十分丰富。据说每年夏秋季节，成千上万的野鸭、灰鹤、红雁云集在此繁衍生息。将会是一派"沙鸥翔集"、"鱼翔浅底"的水乡泽国美景。

刚要下车欣赏，不想一片乌云飘来，点点雨滴便洒落在身上，湖中浅黄色的芦苇随风飘荡，湖面景色随芦苇的摆动和湖水的波浪而变化。瞬间，一阵疾风袭来，白云又占据了上风，温度马上上升，天空中浅灰与雪白的云层变幻莫测，太阳会突然穿透云层迸发出万道光柱，照在可可苏里的湖面上，刚才深青色的湖面瞬间变成了海蓝宝石的颜色，浅黄色的芦苇顿时金黄耀目，美丽的景色让我们一行人不由得欢呼起来，我们急速按下快门，记录下了这奇幻的一瞬间。

可可苏里

往往更艰险的地方才能孕育更美妙的珠宝。

独一无二的地质乐园 可可托海矿山探宝
——新奇美妙的新疆探宝之行 第二站

文／图：何雪梅

第一站我们带大家领略了五彩城的神奇壮观，在可可苏里稍作停留，我们便风尘仆仆地赶到了宝玉石考察的重地——可可托海。可可托海，哈萨克语的意思是"绿色的丛林"，蒙古语意为"蓝色的河湾"。仅这个美丽的名字就足以引来我们无限的遐想。

【目睹地质圣地——三号矿坑】

可可托海盛产海蓝宝石、碧玺、水晶和石榴石等宝石。据朋友介绍，我们现在行进的公路是今年刚竣工不久的新路，路面平整宽阔，代替了坑坑洼洼的搓板路，既能享受驾驶乐趣，还能节约路途上的时间，我不禁暗自庆幸我们的运气真好！

在太阳落山前，我们在公路边见到了以"地质矿产博物馆"享誉海内外的可可托海"三号矿坑"，它也是中外地质工作者心目中的圣地。正是这个坑，在上世纪六十年代曾为我国偿还了前苏联全部外债的三分之一。我们在坑前伫立许久，感受着它的神圣，也坚定了第二天下坑的决心。

可可托海"三号矿坑"

我们办理好了住宿手续，出门去吃晚餐时，突然感觉室外天色变红，抬头一望，禁不住喊出声来："快看天上！"只见我们头顶上的云彩在落日的映照下竟似火焰般从天空一角喷发而出，占据了半个天空，一瞬间它幻化成一条巨大的火龙，在湛蓝的天空下气势磅礴，景象甚为壮观！朋友告诉我们，其实，新疆的美景一天中风云变幻多次实属常事，我们后面还会

可可托海的晚霞

不断遇到更多令人惊叹的美景呢！

翌日，我们一早便在稀有金属公司领导的帮助下进入了三号矿坑。三号矿坑目前深143米，长250米，宽250米，位于世界上已知最大最典型的含稀有金属矿的花岗伟晶岩之一的三号矿脉上，坑内共有80多种矿物共生。其规模之大，矿种之多，品位之高，成带性之分明为国内独有、国外罕见，蕴藏着锂、铍、铌、钶、铯、钴、铬等多种稀有矿物和海蓝宝石、绿柱石等宝石矿物。

在堆积如山的矿石碎块中，我们不难找到带有六方柱状、浅蓝或浅黄绿色绿柱石晶体的矿石，这是由于该矿中铍的含量较高的缘故，

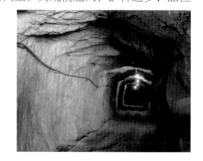

"三号矿坑"中的巷道

但达到宝石级的绿柱石晶体却很少，绝大多数绿柱石晶体长度约为 2 ~ 175mm 之间，透明度较低，裂隙较多。征得矿长的同意，我们带着相机进入到了接近坑底的一个正在开采的巷道里，拍摄到了清晰可见的绿柱石矿脉。

【碧玺矿探宝】

我们采集了不同形状、不同颜色的绿柱石矿物标本之后，又驱车前往距离三号矿坑数十公里之外的碧玺矿进行考察。三三两两的牛羊在山坡上悠闲地吃草，远处蓝天白云，一派美丽的自然风光。

可可托海碧玺矿

随着车子深入山区，周围的景色变了，绿色越来越少，取而代之的是裸露的岩体。山体上亮晶晶的云母在阳光的照耀下闪着银色的光芒，越往里走，云母越多，地上山上到处都亮闪闪的，这都昭示着这里的矿藏资源应该十分丰富，他们就像阿里巴巴的宝藏，等待我们的探索。等到车子已经无法再前行，我们开始徒步登山。当地山区的向导给我们介绍了当地的宝石产出情况，我们选择了一个矿硐位置开始攀爬。在硐口附近沿山坡滚落的碎矿石堆上，我们见到了一大早就来淘宝的一些当地人，山坡下停着他们的摩托车，说明他们是这里的常客。我们也迫不及待地开始了探宝之旅。

终于爬上海拔 1620 米的陡峭山坡，放眼望去，发现附近有多个废弃开采的矿硐。我们来到了曾经开采红色碧玺的 1 号矿硐，硐口立着牌子和一些用完的汽油桶或柴油桶，地上还散落着一些废弃的支架和工具。

不多久，我们就发现地上一块矿标，黑云斜长石上嵌着短柱状淡红色碧玺晶体，

可可托海碧玺矿硐

这给我们带来了惊喜，看样子此行应该颇有收获。果不其然，我们很快便找到了不少嵌在钠长石化伟晶岩矿石上片麻岩矿石中巢状分布的暗红色石榴石晶体（多为晶形不完整的四角三八面体），也找到不少与其共生的细长柱状黑碧玺晶体，绝大多数晶体比较小，长度 1 ~ 57.5mm 左右，且透明度较差，偶尔可以见到几个透明度和晶形稍好晶体。

值得一提的是，在顺着山坡而下的数百米水沟里，可以找到颜色鲜艳的大块黄水晶和紫水晶，有的可达手掌心大小。由于这些水晶裂隙较多，且晶形不够完整，所以我们未进行采集。在水沟边还发现有些具有美丽条纹和图案的观赏石，真想搬走，但太重太大，只好作罢。

海蓝宝石晶体标本

【市场寻宝】

由于时间所限，我们未能在矿山上找到足够的高品质研究标本，于是便开始考察可可托海镇上的宝石市场，希望能够满足我们的需求。

可可托海镇上有十多家宝石店，以经营海蓝宝石和碧玺矿物标本者居多，也有切磨好的各种宝石戒面（如海蓝宝石、碧玺、石榴石、橄榄石、托帕石、紫晶、黄晶等）和碧玺、石榴石项链、手链，以及镶嵌好的宝石吊坠、戒指……款式和加工水平较为陈旧与落后。无论是矿物标本还是宝石首饰，店主开出的价格都不低。由于还不到旅游旺季，只有数家店面开门迎客，而且可以看到许多并非本地所产的宝石品种如橄榄石、托帕石，由此可以推测，这些宝石店主要是面对游客以及来此地搜集矿物标本者。

幸运的是，我们在镇子附近找到了一个以矿标和原石为主的露天宝石集市。该集市虽然不大，仅十几个摊位，但品种多样，既有海蓝宝石、碧玺矿标，也有天河石、东陵石、硅化木原石，也有大量的戈壁彩石，而且价格可以商量。

露天宝石集市

置身于戈壁，那苍茫的景色可否入了你的心思？

置身戈壁淘彩玉
——新奇美妙的新疆探宝之行 第三站

文 / 图: 何雪梅

　　我们带领大家欣赏了可可托海风云变幻的壮美景观、额尔齐斯大峡谷的旖旎风光，探索了蕴藏海蓝宝石、绿柱石等宝石矿物的三号矿坑和千米海拔上的碧玺矿硐，置身于可可托海镇上的露天宝石矿物标本集市。

　　我们将为大家分享戈壁拾玉和玛纳斯碧玉市场寻宝的美好经历。

【乌尔禾美丽的戈壁彩玉】

　　沿着 G217 行进，国道两旁不时能看到大大小小的奇石市场。我们数次停车，发现这些市场上绝大多数销售的是"戈壁彩玉",也称戈壁彩石,其主要成分是石英,颜色非常丰富,质地结构有粗有细,其中无色透明者在光照射下会呈现一种游动的亮光,商业上称"宝石光";还有一些颜色鲜红的戈壁彩玉,表面被风沙吹打后形成"沙漠漆"状,色泽不亚于"南红"。

颜色丰富的戈壁彩玉

听老乡们说这些奇石都来自于戈壁滩,我们实在是按捺不住,终于奔向了茫茫戈壁,开始我们的戈壁拾宝。感谢一天前刮过的沙尘暴,几乎用不上地质锤,一颗颗七彩的戈壁玉就像等待采拾的小蘑菇,都纷纷地探出头来。

戈壁彩玉

金黄、朱红、青绿,色彩斑斓,风凌石、玛瑙石、戈壁玉,种类繁多,拾宝的喜悦非语言所能表达,或捡到片状玉化的泥石,敲击发出悦耳的声音;或把小型的美丽彩玉分拣到标本袋里准备给学生做设计素材;一会儿又因为一颗极其美丽的七彩美玉大家聚集在一起连连赞叹,直到装满了我们所能拿到的所有标本袋。

一起身,发现不断捡拾宝石的右手都在烈日下变成了"黑手",四人八手,都是一黑一白,不由得哈哈大笑。每人抱着几袋子彩石标本,满载而归。归途中,我们也在车里感叹拾玉人的辛苦,联想到这些年我所走过的那些矿区里的采宝人的生活,美丽的宝石的确来之不易。

戈壁滩采宝

【玛纳斯碧玉市场】

在美丽的石河子停留了一夜，第二天我们联系了当地的朋友，在维族老乡的手里买了不少教学用的和田籽料，拍了不少教学用的照片。时间紧迫，我们匆匆赶往玛纳斯碧玉市场。

玛纳斯碧玉

玛纳斯碧玉产自新疆天山支脉，主要矿点在玛纳斯黄台子及玛河流域。主要成份是透闪石，是蛇纹岩侵入火山融岩而形成的。也许是因为天空中一直下着小雨，市场里的人不多。我们进了店里与老板交流，确实发现了不少好东西，有一家店里收藏了不少品质非常好的和田籽料，有天然新疆和田产的光白籽料和带皮籽料各穿成一串的项链，还有幸见到一块十分罕见的天然枣红色满皮色的大和田籽料。当然物依稀为贵，老板的要价也非常高。

玛纳斯碧玉手镯

玛纳斯碧玉的价格还算合理，可能由于产量大，竞争相对激烈，千元左右的玛纳斯碧玉手镯比比皆是。原材料价格合理，但是首饰类的款式相对落后，做工大都比较粗糙，相比较北上广已经国际化的设计风格，还有不少距离。

这里主要经营碧玉、奇石、戈壁彩玉以及和田玉，彩色宝石相对稀少。但成熟的市场是需要时间经营的。

每次来新疆都有全新的感受和惊喜的收获，新疆这片神奇的土地，看似广袤贫瘠的表面蕴藏着无限丰富的物产和蕴藏等待着我们的发掘！

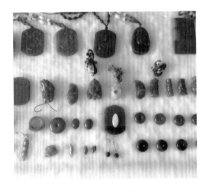

玛纳斯碧玉首饰

回想起寻宝的场景，还记忆犹新，像极了小时候捉迷藏时的喜悦。

昌乐蓝宝石探秘之旅

文 / 图：王露加

　　蓝宝石，英文名"Sapphire"，天空一样恬静，大海一样深邃，瑰丽的颜色，优雅的气质，使其从众多彩色宝石中脱颖而出，赢得万千宠爱，百般赞誉。它，是 9 月的生辰石，象征着品格、高贵和安详。

　　昌乐，山东大地上一颗璀璨的明珠。源远流长的孔孟文化起源之地，民风淳朴的齐鲁好客之乡。亿万年前，火山爆发，瑰丽的刚玉扎根于这片肥沃的土壤，闪烁熠熠光芒。

　　2014 年 10 月 25 日，我们一行 7 人在何雪梅老师的带领下登上开往昌乐的列车。

25 日中午，我们顺利抵达潍坊，立刻动身赶往昌乐境内蓝宝石矿区。

昌乐县内蓝宝石资源丰富，富矿区品位在 30 克拉每立方米，是世界四大蓝宝石矿区之一，也是目前国内最大、世界罕见的大型蓝宝石矿区之一。昌乐蓝宝石矿床包括砂矿和原生矿两类，砂矿也叫次生矿，主要分布于昌乐约为 450 平方公里的范围内，已圈定出多条蓝宝石富集带。

【探秘蓝宝石原生矿】

昌乐蓝宝石原生矿以方山最为著名，其特点为含碱性玄武岩岩体，系断裂带上的新生代玄武岩火山口，1800 万年前的火山爆发，给昌乐留下了百余座远古火山，也带来了稀世珍宝——蓝宝石。

我们将方山原生矿作为探秘之旅的第一站。车子开到山脚只得停下，我们下车徒步登山。40 分钟的山路陡峭难行，越靠近山顶，山路两边散落的玄武岩石块越多。前方是蓝宝石沉睡的地方，脚下是铺满宝石的山路，我们就像《夺宝奇兵》里的主人公，探寻宝藏的热情在血液里熊熊燃烧，斗志高昂地向山顶进发。

抗战时期防空洞

快到山顶时，我们遇到了一个抗战时期的防空洞，洞里的一切一如当年。这片坚硬的玄武岩在烽火连天的年代曾经庇护过一方村民，在这里，蓝宝石已不再是埋藏在地底冷冰冰的石头，它由这里的火山喷发形成，接受村民世世代代对山神的崇敬，坚硬的岩石已然融入昌乐人的血汗，融汇成山东人骨血里的坚强和勇敢。

方山

最后登顶的路程是艰难的，脚下已无路，只有险峻陡峭的山坡。同学们彼此叮嘱着"小心"，相互扶持着向上，双手扶过参差不齐的矮树枯枝，咬牙攀上顶峰。

我们眼前堆满了玄武岩碎石。据当地朋友介绍，以前这里每年蓝宝石产量相当可观，由于资源的紧缺，近年来已经很少开采。

经过多番努力，几乎每位同学都找到含有蓝宝石晶体的玄武岩矿石。同学们既学习了知识，又拥有了实物标本，可谓满载而归。

【蓝宝石次生矿】

所谓次生矿就是含有蓝宝石原生矿体，经过千百万年的地壳运动，矿石中的蓝宝石晶体被剥离出来，随着洪水的冲刷与搬运，在火山附近的山沟河床、农田村庄里形成了蓝宝石的次生矿，当地人也叫"砂矿"。

昌乐蓝宝石次生矿位于五图镇境内。起初，在地表浅层（尤其在雨后）便可捡到蓝宝石，然而，如今大大小小矿坑开采深度已经到达二十多米深。难以想象这么珍贵的蓝宝石竟出于此地，这就是大自然赋予人们的稀世珍宝。

我们此次前往的次生矿位于一片农田中，矿坑四周用围栏围上，十几名工人操纵简单的工具在田间开采、分选刚玉，场面甚是震撼。

蓝宝石次生矿

此次矿区考察，我受益匪浅，不仅了解到蓝宝石矿床的特征，还见证了蓝宝石开采的全过程。更为兴奋和惊喜的是，每个人都淘到了宝贝，不虚此行。于我而言，蓝宝石不仅是光华璀璨的珠宝，更是值得我们珍惜的资源。

次生矿上的开采和分选

每一粒蓝宝石，都有一段故事，它们有自己独立的灵魂，闪烁着生命之华彩，相遇即是有缘，它们值得我们每个人用心去品读，用爱去珍藏！

四川南红正如四川女人一般的辣味，却浑身沾着通透，让你的脸上不仅露出欢笑。

南红探秘
西昌初识川红美（第一站）

文 / 图：王露加

　　与南红结缘，在 2012 年。那时候北京的南红市场已经颇具规模，一粒小小的云南保山柿子红蛋面价值高达 200-500 元。南红是玛瑙的一种，其成分是地球储量巨大的二氧化硅，那它怎么能有这样的价格呢？而且很多人开始把南红玛瑙与和田玉、翡翠并称为"中国三大玉石"。这个位置，和田玉走了几千年，翡翠走了几百年，而南红只走了不到十年。为什么区区一个南红玛瑙可以如此疯狂？

　　2015 年 4 月 13 日，在何雪梅老师和王时麒老师的带领下我们一行 9 人前往四川，探寻四川凉山南红玛瑙矿区，才真正揭开了凉山南红玛瑙的神秘面纱。

出发当日，我们一行人早上 6 点就抵达首都机场。可叹天公不作美，北京的大雨导致许多航班无法进京，我们所乘坐的航班晚点了，经过 5 小时的等待，我们终于在傍晚平安抵达西昌，并受到了当地南红玛瑙协会的热情接待。

通过与协会的南红专家交流，我们惊讶地发现原来你很难断定凉山南红与云南保山南红的孰优孰劣？凉山的联合料和云南的保山料称得上是孪生兄弟，品质好的凉山南红和保山南红很难分辨，所谓凭借"朱砂点"断产地的说法显得过于极端与片面。

保山料和凉山料，各有千秋，各有优劣，美不美，俏不俏，产地不重要，比比才知道。

【邛海湿地美如画，西昌玛瑙红似火】

西昌考察是从参观南红玛瑙"鬼市"开始的。"鬼市"主要交易南红玛瑙的原料，日出之前，当地山民就已经

鬼市街貌

摆开各式各样的南红原石，待光线明亮些后，如火如荼的淘宝就会正式展开。如果你在早上 6 点前赶到，就能体会一下喧嚣热闹的南红"鬼市"。

邛海观景

参观过"鬼市"，吃完早点，我们来到全国最大的城市湿地——邛海湿地。邛海水面广阔，湖滨湿地生机盎然，动植物种类丰富多样，风光秀丽，令人流连忘返。久居城市的我们就像被放归山林的云雀，瞬间被邛海的美所倾倒。

逛完邛海湿地，我们迎来了一天的重头戏，参观全国南红玛瑙四大市场之

一——西昌南红玛瑙城。西昌市场作为原产地市场，与北京、苏州、南阳市场最大的不同是南红玛瑙的原石特别多。当地人背着自己收来或者挖来的原石随意地铺在道路的两旁，几乎占据了街道的大半边。

石农往往会把原石切开一角，供你观察原石的内部状况，同时把石头浸在水里使南红玛瑙的颜色更加鲜艳，或埋在湿润的木屑里，以此掩盖南红的裂隙。

在这里，大多都是原石交易，南红赌石交易也十分惊险刺激。目前南红玛瑙的赌石并没有什么规律可循，据说，1000 元钱赌涨 46 万的事情也曾发生过。

在凉山的第一站，我们大致了解了当地南红市场的规模，在原石市场中见到各式各样的南红玛瑙并与当地专家交流学习，亲自上手鉴别不同矿口的南红玛瑙，这就是我们来西昌第一站的重大收获。

九口黄皮料

盐源料原石

南红市场前大合影

旅途的乐趣在于不断的发现，发现美丽的风景，发现真实的自己，不禁露出欢笑。

蜀道崎岖山路险，勇敢挺进矿坑口（第二站）

文 / 图：王露加

　　四川南红玛瑙的主要产地位于凉山彝族自治州。主要矿口按照地名划分为瓦西、雷波、九口、联合、乌坡、盐源、农作等，商家将这些矿口名称加注在南红分类上，诞生了令人眼花缭乱的南红品种。四川的南红玛瑙矿是次生矿，原石产于火山角砾岩中，面积覆盖约 2700 多平方公里，矿口的分布既有集中也有分散。

　　我们租了三辆越野车，一大早便在当地政府及协会领导的带领下驱车前往瓦西矿区。瓦西矿区近期因出产的南红数量多，品质好而声名远播。近年来，美姑政府为了保护资源作出巨大努力，私挖乱采的现象得到有效遏制。

瓦西料与其他矿坑相比脆性较小，不易裂，同时颜色鲜艳，色彩纯正。瓦西矿出产的玛瑙也有冰飘，也有带条纹的缟红玛瑙，品种比较丰富。

九口矿区面积广阔，车行在半山腰就能看见河流冲击型的矿床。

师生瓦西矿口合影

瓦西矿口采集的标本

联合矿区是顶级樱桃红南红玛瑙的产地。与瓦西和九口两个矿点不同，联合矿区青山环绕，风景秀美，我们在采集标本的途中，累了就坐下来休息，在清新的大自然中，微风拂过耳畔，心情格外舒畅。

联合料颜色单一，润泽度高，净度佳，

九口料包罗万象，在这里，你可以找到南红玛瑙几乎全部品种。这里有火焰纹、冰飘、包浆石、柿子红、缟红、红白料……见到如此多的品种，我们都十分激动，大家立刻动手采集标本。

需要说明的是，瓦西、雷波、农作、乌坡、九口等矿口从地质学角度来讲属于同一个系列，因此所产出的南红品种较为相似。

离开九口矿区，我们启程前往联合乡。

九口矿区采集标本

当地题材雕件：
阿诗玛与阿黑哥

九口冰飘手链

九口铁皮包浆料

苏州工艺南红雕件

九口柿子红项链

联合料樱桃红成品

透明度好，多为小料，裂隙较保山料南红玛瑙少。如果说柿子红主要用作雕件，那么樱桃红多用来制作高品质戒面和珠子。

离开联合乡，我们启程返回西昌。下山时，在盘山公路的多处拐弯处碰见了几群席地而坐玩耍的孩子，这些孩子大多衣衫褴褛，蓬头垢面，有些还赤着脚，我们师生看到后很是心酸，此刻，我们萌生了回京后要为凉山彝族自治州贫困山区人群捐赠衣物、书籍与日用品的念头。

席地而坐玩耍的孩子

车行至半山腰，令我们感动的一幕发生了：一群放学回家的孩子看见我们的车经过，就停下来，举起右手，送给我们一个标准的少先队礼。温暖的阳光照在黝黑的笑脸上，孩子的纯真，人性的淳朴，在这片蓝天下，灿烂地绽放。可惜的是没来得及捕捉住这场擦肩而过的感动……

美姑——南红玛瑙的故乡，不仅蕴含着丰富的红色宝藏，当地人还给我们留下了善良淳朴的美好印象，使我们离别时怀着依依不舍的心情，目光久久不愿离去……

手中捧着丰润的南红，饱满的颜色给我们以慰藉，矿山之旅，辛苦却幸福。

一看二品三鉴赏，南红市场淘宝忙（第三站）

文 / 图：王露加

我们要利用这几天的所学所感，进行市场实践，收集样本。不要小看西昌市场，作为原产地，你可以在这里找到南红玛瑙的所有品种，以及经过优化处理过的南红玛瑙。

通过实践学习，不仅要了解南红玛瑙是否优化处理过，还要明白其应有的价格。南红玛瑙的价格主要以颜色、净度、大小、工艺来定。柿子红偏稳重，樱桃红更艳丽，二者都有优质的，也都有低端的，很难从颜色上划定档次。

至于颜色多为黄绿粉紫的盐源料，虽然整体价位不及红料，但是如果俏色工艺运用得当，实物也颇具特色。

还有一种拥有得天独厚的自然纹路与图形的南红水草玛瑙，可形成别样的自然景观或图案，价值也相对较高。

染色南红串珠　　苏州工艺南红雕件

【南红有哪些优化处理方法呢？】

南红现在主要的处理手段是注胶、染色和浸油。我们在市场上经常可以看到很多色彩艳丽均匀没有瑕疵的南红串珠。

南红玛瑙多裂隙，如果不注胶，珠子在机器加工时就会崩裂。注胶是为了提高成品率，创造更大的利润空间。无论是销售商还是加工厂，都会从商业角度考虑。如果颜色够好，价格也合理，微注胶的南红是可以被市场所接受的。

俗话说"无裂不保山"，保山料喜欢做成哑光的，哑光处理在一定程度上可以掩盖裂隙和注胶的痕迹。

至于"浸油"，我在西昌市场上看到很多商家把南红浸在食物油里，这是为了掩盖南红的裂隙，时间久了，裂隙就会出现，购买需谨慎。

逛完西昌市场，我们正式告别这个美丽的地方，也热烈吻别给我们留下众多美好回忆的山路，奔向一马平川的成都。

为贫困山区孩子捐赠衣物

【爱并不遥远，我们与阳光一起行动】

拥有美好的生活是我们每个人的梦想。回到北京我们师生心中一直牵挂着南红玛瑙之乡美姑县那些缺衣少食的孩子们。我们立即整理收集了大批捐赠衣物。金钱有价而爱心无价，人行其善，物尽其用。为弱势群体献出我们的一份爱心，我们无限快乐！

每一段旅程，都会遇见可爱的人，美丽的景，每一段风景，都会汲取真实的养分，惬意的人生。

闻说鸡鸣见日升，难忘战国一抹红
宣化战国红玛瑙之矿山篇

文 / 图：苟智楠

战国红玛瑙是 2008 年首次发现于辽宁阜新与朝阳交界北票地区出产的一种红黄相间的彩色缟玛瑙。这种玛瑙与出土的战国时期的文物中一些玛瑙饰物较为相似，故名战国红玛瑙。因受到"红尊黄贵"中国传统理念的影响，战国红玛瑙成为了整个玛瑙家族继南红之后的又一传奇。2012 年在河北张家口的宣化地区也发现了战国红玛瑙，在业内引起了巨大的轰动。

战国红玛瑙的颜色有红色、黄色、白色，多呈条带或纹带状相间分布，可见紫色、

精品战国红玛瑙牌　　　　　宣化战国红玛瑙手链　　　　　滴水崖矿区的岩石层

黑色条带。高品质的战国红玛瑙红色纯正厚重，类似鸡血石，黄色凝重温润，犹如田黄，白色飘逸如带。红缟和黄缟集于一石或者全为黄缟者较为珍贵，带有白缟则更加少见，部分战国红玛瑙带有白色水晶晶体。

2014年11月8日，我们一行8人在中国地质大学何雪梅老师和北京大学王时麒老师的带领下，前往战国红玛瑙的重要产地——张家口宣化县，亲自探索宣化战国红玛瑙独特的奥秘。战国红玛瑙究竟为何能够独树一帜？请大家跟随我们一起前往矿山，去揭开宣化战国红玛瑙的神秘面纱吧。

一大早我们乘车赶往宣化战国红玛瑙的重要矿口——滴水崖矿坑。俯视矿坑可以看到大大小小的石块，以及处处被翻挖的痕迹。

在矿坑中，何雪梅老师发现了一块战国红玛瑙原石，并指导我们观察分析。一块红黄相间的战国红玛瑙嵌在岩石当中，围岩有些许胶质的泥层。由于风化淋滤作用使得这块红黄相间的战国红玛瑙整体呈现比较干的状态。在岩石上我们还发现了一些杏仁状和一些圆形的小孔洞。

我们还发现了嵌在岩石中间的火山弹，并用地质锤努力地敲出这颗白色的火山弹。基本可以确定这颗火山弹中心为石英芯。

这是我们发现的另一块带围岩的战国红玛

红黄相间的战国红玛瑙嵌在岩石中

瑙原石，四周围绕红色和黄色条带，中间区域呈现白色和棕红色的石英芯，整块战国红玛瑙原石可能存在风化或人为采集中发生的断裂，像这种边缘的红黄色条带是非常典型的战国红玛瑙特征。一般来说，可以将石英芯剔除之后，最大限度地保留一圈圈的红黄条带部分，切割下来磨成珠子，用来制作战国红玛瑙手串。

随着一声欢呼，瞬间大家的注意力被吸引到老师手中的一大块黄色原石上。这堆岩石碎屑中，我们可以看到这块近乎整体黄色的岩石实在是非常令人惊喜，这种整体黄色原石可以用来制作平安无事牌。

王老师带领我们对宣化战国红玛瑙滴水崖矿坑的围岩进行观察，经过分析，这块围岩中嵌入的战国红玛瑙火山弹一定是经历了热液作用，好似沸腾过后骤然冷却，因此留下了如此多的气孔。

这颗火山弹的中央边缘都是水晶，而中间似有若无的战国红玛瑙雏形已经形成，大家说它已经在很努力地变成战国红玛瑙啦，是一颗顽强的火山弹！

白色火山弹标本采样

黄色战国红玛瑙原石

王老师为我们解读岩层

快要接近尾声的时候，我们捡到了一块精品战国红玛瑙原石。中间红黄相间，过渡到褐色条带边缘，外围伴随一圈水晶带，而中心却是颜色鲜艳丰富的战国红玛瑙。

此次寻宝之旅获得了大丰收，我们因战国红玛瑙而结缘，从中获得了非凡的乐趣。我们采集到的每一块战国红标本中都蕴含着一段美好的故事，这一瞬间的全新感受，这一瞬间的惊喜收获，都凝聚着一段难忘的回忆。相遇即是有缘，用心去体会战国红的美妙万千，去追寻那大自然的神奇造化，装点我们美好的生活。

岩石壁中嵌入的战国红玛瑙原石

何雪梅老师现场教学

嵌在岩石中的战国红玛瑙原石

精品战国红玛瑙原石

难忘过去的种种，是因为有值得珍视的情节，似玛瑙纹路般千回百转，自不能忘。

一花独开不是春，百花争艳香满园
宣化战国红玛瑙之市场篇

文 / 图：陈泽津 苟智楠

2014 年 11 月 9 日，我们一行 8 人在中国地质大学何雪梅老师和北京大学王时麒老师的带领下考察学习张家口宣化战国红玛瑙市场。究竟宣化战国红玛瑙的颜色丰富到什么程度？什么样的品质适合收藏？佩戴的形式有多少种？结合我们在矿山采样的知识学习，正式开始我们的探索实践之路，让我们在实际的游学考察中检验自己吧。

宣化战国红玛瑙的原石，从外壳看都类似火山弹，而切开后里面大不相同，可呈现各种各样的精美图案，让人眼前一亮，永葆新鲜之感，因此，宣化战国红玛瑙也逐

宣化战国红玛瑙原石

加工成珠形的战国红玛瑙

渐加入了赌石的行列，很多人都想一试身手，希望能够从中获得意外的惊喜，发现其中的奥秘。

原石切开有好有劣，颜色纷杂，有的有石英芯，有的则没有，通常宣化战国红玛瑙优质原石的特点是红黄为主，条带纹路清晰漂亮，中心的石英芯尽量少至无。

从上图中我们可以看到，中央的那块原料其边缘部分的品质相当不错，红黄相间，条带也比较漂亮，但是由于中心的石英芯比较大，因而，根据这块料子的特点，通常将其切割成 15~16mm 的珠子，用于制作手串。

大嘴猴

原石切开后若其图案象形且优美，也可直接抛光后无需雕刻加工，直接作为观赏石欣赏。

宣化战国红玛瑙的料一般都比较致密，裂少，完好的成品可达 60%~70%。说到这里，大家一定非常关注宣化战国红玛瑙是否存在着注胶或染色现象？我们现在可以告诉大家：由于宣化战国红玛瑙的颜色变化多样，目前还没有发现对战国红玛瑙进行染色的现象，至于是否注胶要看产品是否存在着裂隙而定。

【宣化战国红玛瑙的颜色】

宣化战国红玛瑙颜色非常丰富，红色、黄色依然为主色调，还有橙色、粉色、紫色、黑色、绿色，可多达可至 7 个颜色，其中偏黑、偏紫带有冻料的颜色是最为常见的，也是宣化战国红玛瑙的特色之一，甚至同一块料上可有三种以上的颜色共存。

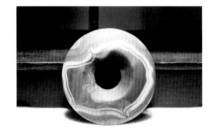

宣化战国红玛瑙平安扣

狮吼

【宣化战国红玛瑙的象形】

　　宣化战国红玛瑙内部多彩多样，甚至会出现一刀下去出现一种图案，再一刀下去图案另异的现象，因而，颇具观赏价值的各类象形战国红玛瑙雕件、吊坠、珠子在商家眼里弥足珍贵，其价格不断攀升。

【宣化战国红玛瑙的雕刻】

　　由于宣化战国红玛瑙的结构多样，颜色多姿多彩，其雕刻工艺与其他玉雕多有不同，俏色既是优势又是难点。此外，受宣化战国红玛瑙质地所限，大部分作品难以运用立体圆雕和镂空雕的技法，尤其对于绺裂较多的原料，更增添了制作中的风险。在鉴赏和挑选战国红玛瑙雕件时，应该考虑料质、颜色、形态、题材、雕工等方面的因素。

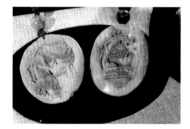

细腻的战国红俏色手把件

【宣化战国红玛瑙交易市场】

　　我们重点考察了宣化地区最大的战国红玛瑙交易市场——"青泉战国红交易市场"，该市场从 2013 年中开始筹建，到目前已有商铺与摊位 2000 多个。在这里从事战国红玛瑙交易的摊主和商家主要是宣化本地人和辽宁阜新人，买主则来自全国各地的石商石友。市场从早六点到晚五点，个个摊位上摆放着大大小小的玛瑙原石和成品，

青泉战国红玛瑙原石交易市场

琳琅满目，形态各异，挑选问价，你来我往，一时间熙熙攘攘，好不热闹。

　　图中两串典型的宣化战国红玛瑙手牌对比，左边的颜色鲜艳，红黄两色纯正，条带清晰密集，为典型的宣化战国红玛瑙小精品，右边的手牌则颜色暗淡，因此左边的手牌市场价值要高于右边的宣化战国红玛瑙手牌。

宣化战国红玛瑙手牌

宣化战国红玛瑙多种颜色共存的印章

现阶段大部分的宣化战国红玛瑙雕刻技艺比较粗糙，只有少量的优质宣化战国红玛瑙原料会被送往南方进行雕刻，因此市场上所见的战国红玛瑙雕件精品较少。由于南方工费普遍较高，对于宣化战国红玛瑙来说也是一笔不小的费用。

在市场中，我们看到了形形色色的战国红玛瑙成品，绝大多数为吊坠和串珠，也有的做成摆件或印章，甚至有镯子带镯芯成套销售。

通过考察，我们认为，从宣化战国红发现至今短短两年，宣化战国红玛瑙市场仍处于过渡阶段，市场上主要以"卖料"为主，价值的高低往往依赖于原料的优劣，后期的加工常常被忽视。但令我们欣慰的是，在当地政府的大力支持与带领下，勤劳的宣化人民已经开始走上了探索之路，宣化战国红玛瑙的各个产业链，将环环紧扣并逐步走向正轨。我们有信心期待，战国红玛瑙将会在未来大放光彩，更多的精品也会不断涌现出来。

满怀着欣喜与不舍，此次宣化战国红玛瑙之旅就此告一段落。欣喜的是，宣化战国红玛瑙的此次寻宝之旅我们收获颇丰；不舍的是，宣化战国红玛瑙如此惊艳，让人难忘。从别后，忆相逢，几回魂梦与君同。战国红，我们一定还会回来的。

战国红玛瑙串珠

ABOUT US
关于我们

何雪梅 20 年来在珠宝玉石教育领域辛勤耕耘，首次设立了珠宝文化的研究方向，开设了《珠宝文化》的研究生课程。常年带领学生到宝玉石矿区一线调研，多次考察国内外珠宝玉石市场，关注国际国内大型珠宝玉石拍卖活动，对珠宝玉石的价格指数有深入的研究；在玉雕艺术、玉美学领域有很深的造诣与研究。

顾旭楠（艺术设计 硕士）

很多事不用问值不值得，只用问，它对你来说，是不是有如珍宝。

吴璘洁（珠宝鉴定 硕士）

每一个宝石都是曾经的一颗 Lost Star，带着光芒冲出土地，回来寻找它自己。

珠宝瑰丽
人生美好

陈泽津（珠宝鉴定 硕士）

质胜文则野，文胜质则史。文质彬彬，然后君子。

于 帅（艺术设计 硕士）

书香满纸，珠玉琳琅。

张雪梅（珠宝鉴定 硕士）

珠宝之灵魂在于自然之造化，珠宝之光辉源于人类之智慧，走进珠宝，感受她那惊心动魄的美丽！

刘 畅（艺术设计 硕士）

了解全面的珠宝知识，佩戴精致美艳的珠宝，提升个人魅力，追求品质生活，爱生活，爱珠宝。

潘 羽（珠宝鉴定 硕士）

石来运转，顽铁生辉。煮酒谈笑，乘兴而归。

董一丹（艺术设计 硕士）

比稀有更珍贵的是唯一，珠宝会让你的眼里盛满爱意。

仇龄莉（艺术设计 硕士）

珠宝之美不仅仅在于它的美观，更在于它带给我们文化上、心灵上的感动。

苟智楠（珠宝鉴定 硕士）

愿我此生，心似琉璃，内外明澈，净无瑕秽。

张 格（艺术设计 硕士）

在岁月中跋涉，每个人都有自己的故事，看淡心境才会秀丽，看开心情才会明媚。累时歇一歇，随清风漫舞，烦时静一静，与花草凝眸，急时缓一缓，与自己微笑。

珠宝瑰丽
人生美好

李 擘（珠宝鉴定 硕士）

拼一个春夏秋冬，赢一个无悔人生！

武甜敏（艺术设计 硕士）

没有永恒的对错，只有永远的追求。

1. 何雪梅工作室历时数年潜心编纂的《识宝·鉴宝·藏宝》珠宝玉石鉴定购买指南正式出版面世（2014.11.04）。

2. 何雪梅教授及工作室成员应邀参加施华洛世奇宝石视界潮流趋势讲座及NGTC顶级珠宝橱窗合作项目发布会（2014.08.22）。

3. 何雪梅教授受邀参加首届国际宝玉石高层论坛并获"国际宝玉石专家"殊荣（2014.10.20）。

4. 何雪梅教授及工作室成员与北京大学王时麒教授在首届国际宝玉石高层论坛合影。

5. 何雪梅教授应邀参加"望闻问切：变局中的中国玉雕"论坛，荣获"中国玉雕艺术评论家"称号（2014.09.20）。

6. 何雪梅教授参加 CCTV-2 黄金时段（18:30-19:30）播出的《一槌定音》珠宝专题节目。

7. 何雪梅教授应邀参加"2014 北京国际设计周——珠宝设计消费季"系列活动，何雪梅教授携工作室成员与国家级玉雕大师李博生先生合影留念（2014.09.29）。

8. 何雪梅教授受邀参加国际钻石珠宝行业高峰论坛（2014.11.16）。

9. 何雪梅教授应邀参加北京电视台文艺频道 BTV-2 隆重推出的《我爱收藏》栏目，从色、种、水、形、质等方面全面解读翡翠的奥秘（2015.01.18）。

10. **何雪梅教授应邀参加** CCTV-2 财经评论节目（2015.02.28）。

11. 何雪梅教授在南红高峰论坛上发言。（2015.08.05）

12. 何雪梅教授在中国珠宝首饰学术交流会上做报告（2015.11.30）。

13. 何雪梅教授携工作室成员参加 CCTV-2
《一槌定音》珠宝专场（2015.05.10）。

14. 何雪梅教授参加中国玉雕高峰论坛
（2015.04.28）。

15. 何雪梅教授于 2015 年 5 月 18 日赴
斯里兰卡参加国际彩色宝石协会（ICA）
年会。

16. 何雪梅教授带领研究生及本科生参
观北京国际珠宝展（2015.11.29）。

17. 何雪梅教授携工作室成员参加由云
南省文山州旅发委举办的"中国云南祖
母绿展暨走出深山，走向世界宣传义拍
活动"（2015.12.05）。

2015年12月12日由重庆宝玉石产业协会主办的"中国瑰宝——南红"沙龙活动在山城重庆召开，重庆宝玉石产业协会邀请何雪梅教授在论坛会上进行了"南红的鉴赏及评价"主旨发言。

2016年3月13-19日，何雪梅教授与《玉器时代》主编焦国梁先生到桂林考察龙胜玉，期间在广西状元红艺术馆姜革文董事长的陪同下参观靖江王城。